François Jacob
Das Spiel der Möglichkeiten

SERIE PIPER

Dieser glänzend und kenntnisreich geschriebene Essay des Biologen und Medizin-Nobelpreisträgers François Jacob verfolgt die Dimensionen des Wirklichen und des Möglichen in der Geschichte der Evolution und der Menschheit. Der Dialog zwischen dem Bestehenden und dem zukünftig Möglichen ist das Spannungsfeld, das Kreativität provoziert und in dem sich »menschliche Verhaltensweisen« wie Kunst, Politik und Wissenschaft entwickeln. Der Essay skizziert eine kleine Wissenschaftsgeschichte von den Anfängen im Mythos an und bietet zugleich eine engagierte Auseinandersetzung mit den Grenzen biologisch-evolutionstheoretischer Aussagen und Erkenntnisse. Evolutionstheorie kann bis zu einem gewissen Grad sagen, woher wir kommen, aber nicht, wohin wir gehen. Sinn stiften kann sie nicht. Evolution, als »Spielerin des Lebens«, als »Bastlerin der Materie«, ist auf planlose Weise schöpferisch. Sie garantiert eine unendliche Zahl an Lösungen und hält so den Horizont der Geschichte offen.

François Jacob, geboren 1920 in Nancy. Studium der Medizin in Paris, mit dem Ziel, Chirurg zu werden. Ab 1940 im Befreiungskampf gegen die Deutschen, 1944 schwer verwundet. Promotion in Medizin 1947 in Paris; wegen seiner Kriegsverletzungen Aufgabe der Chirurgie, Hinwendung zur Biologie. Promotion 1954. Seit 1950 Mitarbeit im Institut Pasteur, jetzt dort Präsident. Seit 1964 Professor für Zellgenetik am Collège de France. Zahlreiche nationale und internationale Auszeichnungen, darunter der Nobelpreis für Medizin 1965, zusammen mit A. Lwoff und J. Monod. Mitglied der Akademie der Wissenschaften in Paris seit 1977. Veröffentlichungen: »La Logique du vivant. Une histoire de l'hérédité«, 1970 (deutsch: Die Logik des Lebenden. Zwischen Urzeugung und genetischem Code, 1972) u. a.

François Jacob

Das Spiel der Möglichkeiten

Von der offenen Geschichte
des Lebens

Aus dem Französischen
von
Friedrich Griese

R. Piper & Co. Verlag
München Zürich

Titel der Originalausgabe: Le jeu des possibles.
Essai sur la diversité du vivant, Fayard 1981

ISBN 3-492-00549-7
2. Auflage, 5.–8. Tausend 1984
Copyright © 1982 by Francois Jacob
Deutsche Ausgabe:
© R. Piper & Co. Verlag, München 1983
Umschlag: Disegno
Umschlagbild: Paul Gamaretto
Gesamtherstellung: Clausen & Bosse, Leck
Printed in Germany

Inhalt

Etwas Unmögliches kann man nicht glauben, sagte Alice.
Du wirst darin eben noch nicht die rechte Übung haben,
sagte die Königin ... zuzeiten habe ich vor dem Früh-
stück bereits bis zu sechs unmögliche Dinge geglaubt.

Lewis Carroll,
Alice hinter den Spiegeln

Vorwort

Bücher aus dem 16. Jahrhundert, die sich mit der Zoologie befassen, sind häufig mit wunderschönen Kupferstichen illustriert, auf denen die Tiere, die die Erde bevölkern, dargestellt werden. In manchen dieser Bücher findet man eine eingehende Beschreibung von Hunden mit einem Fischkopf, von Männern mit Hühnerfüßen und von Frauen mit mehreren Schlangenköpfen. Die Vorstellung von Ungeheuern, in denen sich die Merkmale verschiedener Gattungen vereinen, ist an sich nicht überraschend; derartige Zwitterwesen hat jeder sich schon einmal vorgestellt oder gezeichnet. Was uns heute an diesen Büchern irritiert, ist die Tatsache, daß derartige Kreaturen im 16. Jahrhundert nicht zum Reich der Phantasie, sondern zur Wirklichkeit gehörten. Viele Menschen waren ihnen begegnet und konnten sie eingehend beschreiben. Man trennte nicht zwischen diesen Monstren und den Tieren, die aus dem täglichen Leben vertraut sind. Sie hielten sich gewissermaßen innerhalb der Grenzen des Möglichen.

Lachen wir nicht darüber! Schließlich machen wir in der Science fiction genau dasselbe. Die abscheulichen Kreaturen, die den armen Astronauten hetzen, der sich auf einen fernen Planeten verirrt hat, sind stets das Produkt einer Rekombination zwischen Organismen, die auf der Erde leben. Die Wesen, die aus dem fernen Weltraum kommen, um unseren Planeten zu erforschen, haben stets etwas Menschliches. Oft wird beschrieben, wie sie aus ihren fliegenden Untertassen steigen: Es sind eindeutig Wirbeltiere, ganz zweifellos Säugetiere, die sich auf ihren

Hinterbeinen aufrecht fortbewegen. Abweichungen gibt es lediglich im Hinblick auf die Körpergröße und die Zahl der Augen. Häufig besitzen diese Geschöpfe einen umfangreicheren Schädel als wir, was auf ein größeres Gehirn hindeuten soll; zuweilen tragen sie auf dem Kopf Radioantennen – ein Hinweis auf besonders raffinierte Sinnesorgane. Das Erstaunliche ist auch in diesem Fall, was man für möglich hält. Hundertzwanzig Jahre nach Darwin glaubt man noch immer, daß das Leben, falls es irgendwo im Weltall entsteht, Geschöpfe hervorbringen muß, die den irdischen ähneln, ja daß es sich notwendig zu etwas Ähnlichem wie dem Menschen entwickeln muß.

Das Interessante an all diesen Kreaturen ist, daß sie zeigen, wie eine Kultur mit dem Möglichen umgeht und dessen Grenzen absteckt. Ob es sich nun um Gruppen oder Einzelne handelt, das menschliche Leben beinhaltet immer einen ständigen Dialog zwischem dem, was sein könnte, und dem, was ist. In einer subtilen Mischung aus Glauben, Wissen und Einbildung entsteht vor unseren Augen das unablässig sich wandelnde Bild des Möglichen. An diesem Bild entwickeln wir unsere Wünsche und unsere Befürchtungen. Nach diesem Möglichen richtet sich unsere Haltung und unser Handeln. Menschliche Aktivitäten wie Kunst, Wissenschaft, Technik und Politik sind in einem gewissen Sinne nur besondere, eigenen Regeln folgende Varianten, in denen das Spiel der Möglichkeiten gespielt wird.

Anders als man häufig meint, kommt es in der Wissenschaft ebensosehr auf den Geist wie auf das Ergebnis an, ebensosehr auf die Offenheit, den Vorrang der Kritik, die Bereitschaft, sich dem Unvorhergesehenen, auch wenn es uns ärgert, zu stellen, wie auf das Resultat, mag es auch noch so neu sein. Längst haben die Wissenschaftler der Idee einer letzten, unanfechtbaren Wahrheit entsagt, die das exakte Abbild einer »Wirklichkeit« wäre, die man nur zu enthüllen braucht. Heute wissen sie, daß sie sich mit dem Partiellen und dem Vorläufigen begnügen müssen. Diese Einstellung läuft dem natürlichen Hang des menschlichen Geistes zuwider, sich die Welt mit ihren mannigfaltigen Aspekten

Jesus: Ich bin der Weg, die Wahrheit
das Leben.

10

als etwas Einheitliches und Geschlossenes vorzustellen. Der Konflikt zwischen dem Allgemeinen und dem Besonderen, zwischen dem Ewigen und dem Vorläufigen lebt ja immer wieder auf, auch in Auseinandersetzungen zwischen denen, die ein umfassendes, zwingendes Weltbild ablehnen, und anderen, die darauf nicht verzichten mögen. Nur wenige nehmen es hin, daß das Leben und der Mensch nicht mehr Gegenstände der Offenbarung, sondern Objekte der Forschung geworden sind.

Seit einigen Jahren macht man den Wissenschaftlern große Vorwürfe. Man beschuldigt sie, herz- und gewissenlos zu sein, sich nicht um die übrige Menschheit zu kümmern, ja sie werden sogar als gefährliche Individuen bezeichnet, die nicht zögern, entsetzliche Zerstörungs- und Zwangsmittel zu entdecken und sich ihrer zu bedienen. Damit tut man ihnen allzu viel Ehre an. Der Anteil der Dummen und der Bösartigen ist eine Konstante, die bei allen Teilen der Bevölkerung wiederkehrt, bei den Wissenschaftlern wie bei den Versicherungsagenten, bei den Schriftstellern wie bei den Bauern, bei den Priestern wie bei den Politikern. Die geschichtlichen Katastrophen sind – trotz Dr. Frankenstein und trotz Dr. Strangelove – weniger das Werk von Wissenschaftlern als vielmehr von Priestern und Politikern.

Es liegt ja nicht nur an gegensätzlichen Interessen, wenn die Menschen sich gegenseitig töten. Schuld ist auch der Dogmatismus. Nichts ist so gefährlich wie die Gewißheit, daß man recht hat. Nichts ruft so viele Verheerungen hervor wie die Besessenheit von einer Wahrheit, die man als absolut betrachtet. Alle Verbrechen der Geschichte lassen sich auf irgendeinen Fanatismus zurückführen. Alle Gemetzel sind aus tugendhaften Beweggründen begangen worden – im Namen der wahren Religion, des legitimen Nationalismus, der richtigen Politik, der gerechten Ideologie, kurz, im Namen des Kampfes gegen die Wahrheit des anderen, des Kampfes gegen Satan. Kälte und Objektivität, die man den Wissenschaftlern so häufig zum Vorwurf macht, sind in der Behandlung gewisser menschlicher Angelegenheiten vielleicht eher angebracht als Hitzigkeit und Subjektivität. Es sind ja nicht die Ideen der Wissenschaft, woraus die Leidenschaften erwachsen. Die Leidenschaften machen sich vielmehr in der Verfolgung ihrer Ziele die Wissenschaft zunutze. Es ist nicht wahr, daß die Wissenschaft zu Rassismus und Haß führt. Der Haß greift vielmehr auf die Wissenschaft zurück, um seinen Rassismus zu rechtfertigen. Gewiß kann man manchen Wissenschaftlern vorwerfen, daß sie ihre Ideen zuweilen mit großer Unbedingtheit verfechten. Es ist aber noch kein Völkermord begangen worden, um einer wissenschaftlichen Theorie zum Durchbruch zu verhelfen. Jetzt, da das 20. Jahrhundert zu Ende geht, müßte es jedem klar sein, daß es kein System gibt, das die Welt in all ihren Aspekten und all ihren Einzelheiten erklären kann. Es ist vielleicht nicht einer der geringsten Ruhmestitel des wissenschaftlichen Geistes, daß er dazu beigetragen hat, mit der Vorstellung von einer ewigen Wahrheit aufzuräumen.

In diesem Buch geht es um Vererbung und Fortpflanzung, um Sexualität, Altern und Moleküle. Vor allem geht es um die Evolutionstheorie, um ihre Stellung wie um ihren Inhalt. Zwar liefert die Evolutionstheorie einen Rahmen, ohne den wir wohl kaum zu begreifen vermögen, woher wir kommen und was wir sind, aber es müssen auch die Grenzen bestimmt werden, jenseits deren sie nicht mehr als wissenschaftliche Theorie, sondern als Mythos fungiert.

Während der letzten Jahre habe ich einige dieser Fragen in zwei Vorträgen erörtert; der eine wurde am Weizmann-Institut in Israel und an der Universität von Kalifornien in Berkeley gehalten und in der Zeitschrift *Science* sowie anschließend in der Zeitung *Le Monde* unter dem Titel »Evolution und Bastelei« veröffentlicht; der andere wurde an der Académie de Chirurgie in Paris gehalten und im *Journal de Chirurgie* sowie anschließend in der Zeitung *Le Monde* unter dem Titel »Mon dissemblable mon frère« veröffentlicht. Die Gelegenheit, diese Überlegungen zu entwickeln und zu erweitern und dieses Büchlein zu schreiben, verdanke ich der Einladung, an der Universität von Washington die »Jessie and John Danz Lectures« zu halten.

Eine Theorie sagt mir, woher ich komme, ha!

1 Mythos und Wissenschaft

> Die Theorien vergehen.
> Der Frosch bleibt.
> Jean Rostand,
> *Carnets d'un biologiste*

Vielleicht werden die Physiker eines Tages zeigen können, daß die Welt nicht anders funktionieren kann, als sie es tut. Vielleicht werden sie eines Tages eine Theorie schaffen, die beweist, daß unsere Welt die einzig mögliche ist, daß man sich eine Materie, die mit anderen Eigenschaften ausgestattet wäre, nicht vorstellen kann. Allerdings fällt es schwer, an der Struktur und der Funktionsweise der Natur nicht etwas Willkürliches, ja sogar etwas Launenhaftes zu finden. In einem Märchen aus meiner Kindheit gibt eine Fee dem jungen Prinzen den folgenden Rat: »Blase ins Horn, und das Schloß des Menschenfressers wird zusammenfallen.« In der Bibel bringt Josua durch den Schall der Posaunen die Mauern von Jericho zum Einsturz. In diesen beiden Welten gibt es eindeutig eine ursächliche Beziehung zwischen dem Blasen eines Instruments und dem Einsturz der Mauern. So funktioniert die Welt nun einmal. Es ist eben so, wie es ist. Eine gewisse Beliebigkeit herrscht auch in unserer physikalischen Welt. Auch hier ist es eben so, wie es ist. Es fällt schwer – zumindest mir geht es so –, sich eine Welt vorzustellen, in der Eins und Eins nicht Zwei wären. Diese Beziehung hat etwas Unausweichliches – vielleicht, weil sich in ihr die Funktionsweise unseres Gehirns äußert. Hingegen kann man sich durchaus eine Welt vorstellen, in der andere physikalische Gesetze herrschten; in der beispielsweise das Eis, statt aufzusteigen, im Wasser versinken würde oder in der ein Apfel, statt vom Baum zu fallen, aufsteigen und am Himmel entschwinden würde.

Am deutlichsten tritt diese Zufälligkeit wohl im Bereich des

13

Lebendigen zutage. Nicht nur, daß die Lebewesen ganz andere Formen aufweisen könnten – auch die Art, wie sie funktionieren, auch bestimmte Eigentümlichkeiten wie der Tod und die Fortpflanzung haben etwas Uneinsichtiges. In der Tatsache, daß die Bäume Früchte tragen oder daß die Tiere altern, oder auch in der Sexualität ist schwerlich etwas Notwendiges zu erkennen. Warum müssen zwei sich zusammentun, um einen Dritten zu erzeugen? Warum wird von allen Funktionen des Körpers allein die Fortpflanzung mit Hilfe eines Organs bewerkstelligt, von dem ein Individuum immer nur eine Hälfte besitzt, so daß es viel Zeit und Energie aufwenden muß, um die andere Hälfte zu finden?

Tatsächlich ist die Sexualität keine notwendige Bedingung des Lebens. Zahlreiche Organismen haben kein Geschlecht und scheinen dennoch recht glücklich zu sein. Sie pflanzen sich durch Teilung oder Knospung fort. In diesem Fall genügt ein einziger Organismus, um zwei identische zu erzeugen. Warum ist das nicht auch bei uns so? Warum müssen sich bei den meisten Tieren und Pflanzen zwei zusammentun, um zum selben Ergebnis zu gelangen? Und warum nur zwei Geschlechter – und nicht drei? Man kann sich ja ohne weiteres eine Welt vorstellen, in der nicht zwei, sondern drei verschiedene Individuen zusammenwirken müßten, um einen Menschen hervorzubringen. Man stelle sich die Konsequenzen vor, wenn solche Dreiecksverhältnisse notwendig wären! Was für neue Themen ergäben sich für die Schriftsteller, was für Variationen für die Psychologen, was für Komplikationen für die Juristen! Aber vielleicht wäre das zu viel für uns. Vielleicht würden wir so viele Freuden und Qualen nicht aushalten. Begnügen wir uns also mit unseren zwei Geschlechtern!

Jede menschliche Kultur erklärt sich die Existenz dieser zwei Geschlechter mit gewissen Mythen, in denen die Entstehung der Welt, der Tiere und der Menschen begründet wird. Allerdings gibt es über die Entstehung der Geschlechter nur zwei grundlegende Vorstellungen, die von den Mythologien endlos ausgeschmückt worden sind. Einmal kann man die Sexualität sozusagen als ein Urphänomen betrachten. Die beiden Geschlechter sind dann ebenso alt wie die Welt selbst. Bevor es sie gab, konnte es kein Leben geben. Im Dualismus der Geschlechter äußert sich ein Dualismus des Kosmos, äußern sich die beiden Kraftpole, von denen, wie man glaubt, die Welt beherrscht wird und die man in der ganzen Natur beobachtet: Tag und Nacht, Himmel und Erde, Wasser und Feuer. Im Taoismus sind es das Yin und das Yang, das männliche und das weibliche Prinzip, von denen alles, jegliches Leben, jegliche Bewegung ausgeht. Auch in der Kosmogonie der Sumerer hat das Wasser, das die Urmanifestation des Lebens in der Welt darstellt, zwei Aspekte: Apsu, Süßwasser oder männliches Prinzip, und Tiamat, Salzwasser oder weibliches Prinzip. Aus der Vereinigung von Apsu und Tiamat entsteht Mummu, eine Art von beseeltem Wasser, das Geist und Logos besitzt. Eine andere Variante findet man in gewissen altägyptischen Erzählungen, in denen am Anfang nur eine Gottheit war, Khum; die erste Sorge des Gottes war es jedoch, ein Paar zu erschaffen, Tschu und Tefnut, die dann auf dem bei Paaren üblichen Wege die Menschheit zeugten. Eine interessante Spielart bietet schließlich der Weda, für den das erste Paar aus den Zwillingen Yami und Yama besteht. Die menschliche Gattung ist demnach aus einem Urinzest hervorgegangen.

Man kann den geschlechtlichen Dualismus aber ebensogut als ein sekundäres Phänomen auffassen. Das ursprünglich Erschaffene war eins. Erst später sind daraus zwei geworden. In den einzelnen Varianten geht es dann darum, wie die beiden Geschlechter entstanden sind, durch welches Ereignis die ursprüngliche Einheit zerbrach. In den Upanischaden löst sich der Gott, weil er seiner Einsamkeit entrinnen möchte, in zwei Hälften von entgegengesetztem Geschlecht auf, die dann die Menschheit hervorbringen. Für andere Kulturen tritt dagegen die geschlechtliche Differenzierung bei Wesen ein, die weder ganz Götter noch ganz Menschen sind. In einigen Erzählungen Zarathustras beispielsweise ist Yima, das von dem Gott geschaffene Wesen, eine Art Monstrum, das die beiden Geschlechter in sich vereint. Diese Einheit ist jedoch nicht von Dauer, denn bald wird Yima entzweigesägt. Ähnlich verhält es sich in der Schilderung, die Aristophanes in Platos *Gastmahl* gibt: Zu einer Zeit, da unter den Göttinnen und Göttern des Olymp die Sexualität bereits sehr wirksam funktionierte, befand sich das, woraus später die Menschheit werden sollte, noch im Stadium der Androgynen. Diese kugelrunden Organismen besaßen einen Kopf mit zwei Gesichtern, vier Füße, vier Hände, vier Ohren und eine Doppelausstattung mit »Schamteilen«. Indem sie sich umeinander wälzten, konnten sie sich sehr rasch fortbewegen. Schließlich war Zeus von ihrer Kraft und ihrer Kühnheit beunruhigt, und er beschloß, sie zu zerteilen, so, »wie man ein Ei mit einem Roßhaar zerteilt«, wie Plato präzisiert. Apollo wurde beauftragt, die Operation an den Androgynen vorzunehmen und sie anschließend wieder zusammenzunähen, damit die Sterblichen bescheidener würden und doch annehmbar aussähen. Seitdem sucht jede dieser Hälften sich mit einer anderen zu vereinigen, die für die Griechen nicht unbedingt vom anderen Geschlecht sein mußte. Eine andere Variation über dieses Thema bietet schließlich das Alte Testament; ihm zufolge wird der Mensch in seiner endgültigen männlichen Gestalt, nicht in der vorläufigen Gestalt eines Monstrums erschaffen. Anschließend wird Eva aus Adam entnommen. Dadurch, daß sie das Eine zerteilt, daß sie die Frau aus dem Mann herausschneidet, zwingt die Genesis die beiden, erneut das ursprüngliche Wesen zu bilden, um sich zu vermehren.

Stets rühmen die Mythen – jeder in seiner eigenen poetischen Sprache – den Menschen in den höchsten Tönen. Mit der ursprünglichen Verstümmelung erklären sie, warum der menschliche Leib alles enthält, was er benötigt, um atmen, verdauen und denken zu können, warum er aber im Hinblick auf die Fortpflanzung mangelhaft ausgestattet ist. Um sich fortzupflanzen, muß er die ursprüngliche Einheit wiederfinden. Er muß als Individuum untergehen, um in der Gattung aufzugehen. Mann und

Frau suchen immer wieder im Geschlechtsakt das ursprünglich eine Wesen herzustellen. So erklärt sich das dauernde Streben nach dem anderen, jener ständig wiederkehrende Zyklus, in dem sich die Gattung in entgegengesetzte Elemente aufspaltet, die sich doch immer wieder vereinigen müssen.

Bis zur Mitte des 19. Jahrhunderts wußte die Wissenschaft kaum etwas über die Sexualität zu sagen. Sie konnte lediglich deren vielfältige Formen beschreiben und eine Bestandsaufnahme machen. Hier lag ein Faktum vor, für das es, wie Buffon sagte, »keine andere Lösung gibt als die Tatsache selbst«[1]. Erst im Rahmen der Evolutionstheorie erhielt das Problem der Sexualität einen wissenschaftlichen Status. Jetzt erst war es möglich, die Sexualität nicht mehr im Hinblick auf ihre Entstehung, sondern auf ihre Funktion zu erörtern. Darwin selbst hatte diese Funktion angedeutet, und August Weismann schrieb 1885, sie bestehe darin, »die individuellen Unterschiede zu erzeugen, mittels derer die natürliche Auslese neue Arten erschafft«[2].

Eine Auslese – und damit Veränderung – kann ja nur stattfinden zwischen dem, was nicht identisch ist. Die Evolution wird von der individuellen Mannigfaltigkeit in Gang gehalten. Weil die Individuen erbliche Besonderheiten aufweisen, vermehren sie sich in unterschiedlichem Maße, hinterlassen die einen mehr Nachkommen als die anderen. Die Sexualität, die im gesamten Bereich des Lebens sehr vielfältige Erscheinungsformen aufweist, bekam für Weismann dadurch einen Sinn, daß sie dazu beitrug, individuelle Unterschiede zu erzeugen.

Für die moderne Biologie entsteht jedes Lebewesen durch die Ausführung eines Programms, das in seinen Chromosomen festgelegt ist. Bei den geschlechtslosen Organismen, die sich etwa durch Teilung fortpflanzen, wird das genetische Programm in jeder Generation exakt abkopiert. Alle Individuen einer Population sind demnach identisch, mit Ausnahme einiger weniger Mutanten. Nur durch die Auslese dieser Mutanten unter dem Druck der Umwelt können derartige Populationen sich anpassen. Wird aber die Sexualität zur notwendigen Bedingung der

Fortpflanzung, dann entsteht jedes Programm nicht mehr durch exaktes Kopieren eines einzigen Programms, sondern durch eine Neuzusammenstellung zweier verschiedener Programme. Dadurch wird jedes genetische Programm, also jedes Individuum, verschieden von allen anderen, wenn man von eineiigen Zwillingen absieht. Jedes Kind, das von einem bestimmten Paar gezeugt wird, ist das Ergebnis einer genetischen Lotterie. Es ist lediglich eines von ungeheuer vielen möglichen Kindern, die alle bei der gleichen Gelegenheit von demselben Paar ebensogut hätten gezeugt werden können, wenn unter den Millionen von Samenzellen, die der Vater ausstieß, zufällig eine andere die Eizelle der Mutter befruchtet hätte – eine Eizelle, die wiederum nur eine unter vielen ist. All diese möglichen Kinder hätten sich ebensosehr voneinander unterschieden wie die tatsächlich existierenden Kinder. Wenn wir uns eine solche Mühe machen, um unsere Gene mit denen eines anderen zu vermischen, dann um sicherzugehen, daß unser Kind sich von uns selbst und von all unseren sonstigen Kindern unterscheiden wird. Wenn zwei zur Fortpflanzung nötig sind, so deshalb, damit etwas anderes entsteht.

Die Sexualität wird also als eine Maschine aufgefaßt, die Unterschiede erzeugt. Viele Fragen sind noch ungeklärt, etwa die, wie die Sexualität im Laufe der Evolution entstanden ist, welchen Vorteil gewisse Formen der Parthenogenese und des Hermaphroditismus gegenüber der geschlechtlichen Fortpflanzung bieten, wie das Geschlechtsverhältnis innerhalb einer Population geregelt wird, welche Bedeutung der Gruppenselektion zukommt usw. Doch wie schon R. A. Fisher[3] und H. J. Muller[4] sowie in jüngerer Zeit G. C. Williams[5] und J. Maynard Smith[6] betont haben, macht die Neuzusammenstellung des genetischen Materials in jeder Generation es möglich, sehr schnell vorteilhafte Mutationen, die bei geschlechtslosen Organismen getrennt bleiben würden, zusammenzubringen. Eine Population mit Sexualität kann sich also schneller entwickeln als eine Population ohne Sexualität. Langfristig können sexuelle Populationen unter Bedingungen überleben, unter denen asexuelle Populationen aussterben würden. Außerdem haben Organismen mit sexueller Fortpflanzung in ihrer Nachkommenschaft eine größere Vielfalt an Phänotypen. Kurzfristig haben sie dadurch größere Chancen, Individuen hervorzubringen, die an neue Bedingungen angepaßt sind, wenn die Umwelt sich verändert. Sexualität bietet somit einen Sicherheitsspielraum gegenüber umweltbedingten Unsicherheiten. Sie ist eine Versicherung gegen das Unvorhersehbare.

Mythen und Wissenschaft erfüllen in mancher Hinsicht eine ähnliche Aufgabe. Beide liefern den Menschen eine bestimmte Vorstellung von der Welt und den in ihr herrschenden Kräften. Beide stecken den Bereich des Möglichen ab. Die Wissenschaften in ihrer modernen Gestalt sind am Ende der Renaissance entstanden; in dieser Zeit veränderte der westliche Mensch grundlegend sein Verhältnis zu der ihn umgebenden Welt, bemühte er sich, ein Weltbild zu schaffen, das immer besser mit seinen Sinneswahrnehmungen übereinstimmte. Seit der Renaissance hat sich die Kunst des Westens völlig anders entwickelt als alle übrige Kunst. Mit der Erfindung der Perspektive und der Entwicklung von Licht und Schatten, von Tiefe und Ausdruck hat Europa innerhalb weniger Generationen der Malerei eine ganz neue Funktion gegeben: Sie symbolisiert nicht mehr, sondern sie stellt dar. In den Museen kann man verfolgen, wie die Bemühungen in eine ganz ähnliche Richtung gingen wie in der Wissenschaft. Von den Primitiven bis hin zum Barock haben die Maler ihre Darstellungsmöglichkeiten ständig vervollkommnet, um die Dinge und die Lebewesen so getreu und überzeugend wie möglich zu schildern. Durch das Spiel mit optischen Täuschungen haben sie eine neue Welt geschaffen, eine offene, dreidimensionale Welt. Zwischen der Madonna eines Cimabue, die sich in ihren Schleiern als eine starre Figur von einer symbolischen Landschaft abhebt, und der Geliebten eines Tizian, die nackt auf ihrem Bett liegt, beobachten wir den gleichen Bruch wie zwischen der geschlossenen Welt des Mittelalters und dem unendlichen Universum, das nach Giordano Bruno erkennbar wird. In diesem Wandel drückte sich ja – innerhalb der Malerei – eine Umwälzung aus, die mit der politischen Eroberung des Globus zusammenhing, eine Umwälzung, durch die der westliche Mensch eine völlig neue Vorstellung von der Welt entwickelte. Zwischen dem 13. Jahrhundert und dem klassischen Zeitalter ersetzte Europa nicht nur die Symbolisierung durch die bildliche Darstellung, sondern auch die Chronik durch die Geschichte, das Gebet durch die Tat, das Mysterium durch das Drama, die Erzählung durch den Roman, die Monodie durch die Polyphonie und den Mythos durch die wissenschaftliche Theorie. Ohne Zweifel hat jedoch die Struktur des jüdisch-christlichen Mythos die moderne Wissenschaft möglich gemacht. Denn die westliche Wissenschaft beruht auf der monastischen Lehre von einer geordneten Welt, die von einem Gott erschaffen wurde, der außerhalb der Natur bleibt und sie durch Gesetze regiert, die der menschlichen Vernunft zugänglich sind.

Wahrscheinlich ist es ein Bedürfnis des menschlichen Geistes, eine einheitliche und kohärente Vorstellung von der Welt zu haben. Fehlt sie, dann treten Angst und Schizophrenie auf. Man muß zugeben, daß die mythische Erklärung, was Einheitlichkeit und Kohärenz betrifft, der wissenschaftlichen weit überlegen ist. Die Wissenschaft strebt ja nicht unmittelbar nach einer vollständigen und endgültigen Erklärung des gesamten Universums. Sie beschränkt sich auf Teilbereiche. Sie setzt mit begrenzten Experimenten bei Phänomenen an, die sie zu umschreiben und zu definieren vermag. Sie begnügt sich mit partiellen und vorläufigen Antworten. Die übrigen Erklärungssysteme – seien sie magischer, mythischer oder religiöser Natur – umfassen dagegen alles. Sie gelten für alle Bereiche. Sie antworten auf alle Fragen. Sie haben eine Erklärung für den Ursprung, den gegenwärtigen Zustand und sogar für das künftige Schicksal der Welt. Mag man die Art von Erklärung, welche die Mythen oder die Magie bieten, auch ablehnen – Einheitlichkeit und Kohärenz kann man ihnen nicht absprechen, denn sie beantworten, ohne zu zögern, jede Frage und räumen jede Schwierigkeit mit einem einfachen Apriori-Argument aus.

Auf den ersten Blick scheint es, als sei die Wissenschaft mit den Fragen, die sie stellt, und den Antworten, die sie sucht, weniger ehrgeizig als der Mythos. Tatsächlich beginnt die moderne Wissenschaft mit dem Augenblick, in dem allgemeine Fragen von der Art »Wie wurde die Welt geschaffen? Woraus besteht die Materie? Was ist das Wesen des Lebens?« ersetzt wurden durch begrenzte Fragen von der Art »Wie fällt ein Stein? Wie fließt Wasser in einem Rohr? Wie kreist das Blut im Körper?«. Das Ergebnis dieses Wandels war überraschend. Während es auf die allgemeinen Fragen nur begrenzte Antworten gab, zeigte sich, daß die begrenzten Fragen zu immer allgemeineren Antworten führten. Das gilt auch noch für die heutige Wissenschaft. Es gehört zu den wichtigen Qualitäten eines Wissenschaftlers, daß er zu beurteilen vermag, welche Probleme reif sind, analysiert zu werden, daß er zu entscheiden vermag, wann es an der Zeit ist, ein altes Gebiet erneut zu erkunden, daß er erneut Fragen aufgreifen kann, die einmal als gelöst oder unlösbar galten. Kreativität in der Wissenschaft entspricht weitgehend einem sicheren Urteilsvermögen in dieser Hinsicht. Häufig können sich junge, unerfahrene Wissenschaftler und Amateure nicht mit begrenzten Fragestellungen begnügen, sondern wollen nur in Angriff nehmen, was sie als allgemeine Probleme betrachten.

Schon durch die Art ihres Vorgehens mußte die wissenschaftliche Methode zu einer Zerstückelung des Weltbildes führen. Jeder Zweig der Wissenschaft hat seine eigene Sprache, seine eigenen Verfahren. Er untersucht einen bestimmten Bereich, der mit benachbarten Fächern nicht unbedingt zusammenhängt. Dadurch scheint es, als bestünde die wissenschaftliche Erkenntnis aus isolierten Inseln. Bedeutende Fortschritte in der Geschichte der Wissenschaft hängen häufig mit neuen Verallgemeinerungen zusammen, dank deren bisher getrennte Bereiche zusammengefaßt werden können. So wurden Thermodynamik und Mechanik durch die statistische Mechanik, Optik und Elektromagnetismus durch Maxwells Theorie des elektromagnetischen Feldes oder Chemie und Atomphysik durch die Quantenmechanik zusammengefaßt. Doch trotz dieser Verallgemeinerungen bestehen in der wissenschaftlichen Erkenntnis noch große Lücken, und sie werden sehr wahrscheinlich noch lange weiterbestehen.

In ihrem Bemühen, ihre Aufgabe zu erfüllen und im Chaos der Welt eine Ordnung zu finden, arbeiten Mythen und wissenschaftliche Theorien nach dem gleichen Prinzip. Stets geht es darum, die sichtbare Welt durch unsichtbare Kräfte zu erklären, das, was man beobachtet, mit dem, was man sich denkt, zu verknüpfen. Man kann im Donner einen Zornausbruch des Zeus oder ein elektrostatisches Phänomen sehen. Eine Krankheit kann als Ausfluß eines bösen Zaubers oder als Folge einer Mikrobeninfektion aufgefaßt werden. Ein Phänomen gilt jedenfalls als erklärt, wenn es als sichtbare Wirkung einer verborgenen Ursache betrachtet werden kann, die mit all den unsichtbaren Kräften zusammenhängt, von denen, wie man glaubt, die Welt beherrscht wird.

Das Bild, das der Mensch sich von der Welt macht, hängt, ob es ein mythisches oder ein wissenschaftliches ist, weitgehend von seiner Vorstellungskraft ab. Denn im Gegensatz zu einer verbreiteten Annahme besteht das wissenschaftliche Vorgehen nicht bloß im Beobachten, im Sammeln von Versuchsergebnissen, aus denen dann eine Theorie abgeleitet wird. Es ist durchaus möglich, daß jemand jahrelang ein Objekt untersucht und nicht eine einzige wissenschaftlich interessante Beobachtung macht. Damit man zu einer bedeutsamen Beobachtung gelangt, muß man schon eine gewisse Vorstellung davon haben, was es zu beobachten gilt. Über das, was möglich ist, muß man sich schon vorher im klaren sein. Vielfach beruhen wissenschaftliche Fortschritte darauf, daß plötzlich ein bislang unbekannter Aspekt der Dinge zutage tritt, und das ist nicht immer auf die Anwendung neuer Geräte zurückzuführen, sondern auch darauf, daß die Objekte unter einem neuen Blickwinkel betrachtet werden. Diese neue Betrachtungsweise läßt sich zwangsläufig von einer gewissen Vorstellung darüber leiten, was »Realität« sein könnte. Zugleich beinhaltet sie eine bestimmte Auffassung von dem Unbekannten, d. h. von dem Bereich, der jenseits dessen liegt, wovon man aus Gründen der Logik und der Erfahrung mit Recht überzeugt sein darf. Die wissenschaftliche Untersuchung beginnt, wie Peter Medawar[7] sagt, immer mit der Erfindung einer möglichen Welt oder eines Teils einer möglichen Welt.

Damit beginnt auch das mythische Denken, doch bleibt es dabei stehen. Nachdem es vermeintlich nicht nur die beste aller Welten, sondern die einzig mögliche Welt konstruiert hat, fügt es mühelos die Wirklichkeit in den von ihm geschaffenen Rahmen ein. Jede Tatsache, jeder Vorgang wird als ein Zeichen gedeutet, das von den unsichtbaren Kräften ausgeht, welche die Welt beherrschen, ein Zeichen, das folglich deren Existenz und Wichtigkeit beweist. Für das wissenschaftliche Denken ist die Phantasie dagegen nur eines von mehreren Elementen. Sie muß sich in jedem Stadium der Kritik und dem Experiment stellen, damit das, was an dem von ihr entworfenen Weltbild nur Einbildung ist, abgegrenzt werden kann. Für die Wissenschaft gibt es viele mögliche Welten; die einzig interessante ist jedoch die tatsächlich existierende, die sich als solche schon seit langem ausgewiesen hat. Die Wissenschaft konfrontiert unablässig das, was sein könnte, mit dem, was ist. So kann ein Weltbild entstehen, das dem, was wir als »die Realität« bezeichnen, immer näher kommt.

Es ist immer eine der Hauptfunktionen von Mythen gewesen, den Menschen die Angst und Sinnlosigkeit ihres Daseins ertragen zu helfen. Sie bemühen sich, den verwirrenden Folgerungen, die der Mensch aus seiner Erfahrung ziehen muß, einen Sinn zu geben, seinen Lebensmut den Schicksalsschlägen, dem Leiden und der Not zum Trotz zu stärken. Die von den Mythen angebotene Weltsicht hängt also eng mit dem täglichen Leben und den Gefühlen der Menschen zusammen. Im übrigen ist ein Mythos, der in einer bestimmten Kultur immer wieder in der gleichen Form und mit den gleichen Worten von Generation zu Generation weitergegeben wird, nicht bloß eine Geschichte, aus der man Folgerungen im Hinblick auf die Welt ziehen kann. Der Mythos enthält eine Moral, er trägt seinen Sinn in sich, er vermittelt seine Wertvorstellungen indirekt. Die Menschen finden, auch ohne danach zu suchen, im Mythos ihr Gesetz, im erhabensten Sinne des Wortes. Ein solches Gesetz könnten sie, selbst wenn sie danach suchen würden, weder in der Erhaltung von Masse und Energie noch in der Ursuppe der Evolution finden. Die Wissenschaft bemüht sich ja gerade, Forschung und Erkenntnis von jeglicher Emotion freizuhalten. Der Wissenschaftler versucht, sich von der Welt, die er begreifen möchte, fernzuhalten. Er ist bestrebt, sich abseits zu stellen, die Position eines Zuschauers einzunehmen, der nicht Bestandteil der zu untersuchenden Welt ist. Mit diesem Kunstgriff hofft der Wissenschaftler, die, wie er meint, »reale Welt, die ihn umgibt«, zu erforschen. Diese *angeblich* »objektive Welt« wird dadurch von Geist und Seele, Freude und Traurigkeit, Sehnsucht und Hoffnung entleert. Kurz, diese wissenschaftliche oder »objektive Welt« wird völlig von der vertrauten Welt unserer Alltagserfahrung losgelöst. Diese Haltung liegt dem gesamten Erkenntnissystem zugrunde, das seit der Renaissance von der westlichen Wissenschaft entwickelt wurde. Erst mit der Mikrophysik hat sich die Grenze zwischen Beobachter und Beobachtetem ein wenig verwischt. Die objektive Welt ist nicht mehr so objektiv, wie es einmal schien.

In den Naturwissenschaften hat es eines unablässigen Kampfes bedurft, sich vom Anthropomorphismus freizumachen, also zu vermeiden, daß man unterschiedlichen Wesen menschliche Qualitäten zuschreibt. Namentlich die Zielgerichtetheit, durch die viele menschliche Aktivitäten sich auszeichnen, hat lange als Universalmodell zur Erklärung all dessen hergehalten, was in der Natur auf ein Ziel gerichtet zu sein scheint. Speziell gilt das für die Lebewesen, die offenbar in all ihren Strukturen, Eigenschaften und Verhaltensweisen einem Plan zu entsprechen scheinen. Die belebte Welt ist deshalb die bevorzugte Zielscheibe der finalen Ursachen gewesen. In der Tat ist der hauptsächliche »Beweis« für die Existenz Gottes lange das »Argument der Absicht« gewesen. Vor allem von Paley in seiner *Natural Theology*[8] entwickelt, die nur wenige Jahre vor der *Entstehung der Arten* erschienen ist, lautet dieses Argument folgendermaßen: Wenn Sie eine Uhr finden, werden Sie nicht daran zweifeln, daß sie von einem Uhrmacher hergestellt worden ist. Wenn Sie nun einen komplizierteren Organismus betrachten, mit all seinen offenbar zweckgerichteten Organen, kommen Sie nicht um die Schlußfolgerung herum, daß er durch den Willen eines Schöpfers entstanden ist. Es wäre ja, sagt Paley, einfach absurd, anzunehmen, daß etwa das Auge eines Säugetieres mit der Präzision seiner Optik und seiner Geometrie durch bloßen Zufall entstanden ist.

Es gibt, was die scheinbare Zweckgerichtetheit in der belebten Welt betrifft, zwei ganz verschiedene Erklärungsebenen, die jedoch allzu häufig durcheinandergebracht werden. Die erste bezieht sich auf den einzelnen Organismus, dessen strukturelle, funktionale und verhaltensmäßige Eigenschaften überwiegend auf ein Ziel gerichtet zu sein scheinen. Das gilt etwa für die verschiedenen Phasen der Reproduktion, für die embryonale Entwicklung, die Atmung, die Verdauung, die Nahrungssuche, die Flucht vor dem Freßfeind, die Wanderung usw. Diese Art von Zweckmäßigkeit, die sich bei jedem Lebewesen zeigt, findet man in der unbelebten Welt nicht. Man hat sie deshalb lange auf eine besondere Wirkkraft zurückgeführt, eine Lebenskraft, die sich den Gesetzen der Physik entzieht. Erst in unserem Jahrhundert hat man erkannt, daß zwischen der mechanistischen Deutung der Aktivitäten eines Lebewesens und seinen Eigenschaften und Verhaltensweisen kein Widerspruch besteht. Vor allem hat sich das Paradoxon aufgelöst, als die Molekularbiologie zur Beschreibung der genetischen Information eines Organismus aus der Informationstheorie das Konzept und den Begriff des »Programms« entlehnte. Nach dieser Betrachtungsweise enthalten die Chromosomen eines befruchteten Eis die in der DNS festgelegten Pläne, von denen die Entwicklung des künftigen Organismus, seine Aktivitäten und sein Verhalten abhängen.

Die zweite Erklärungsebene bezieht sich nicht auf den Einzelorganismus, sondern auf die gesamte belebte Welt. Auf dieser Ebene hat Darwin die Idee der gesonderten Erschaffung der Arten zerstört, die Vorstellung, jede Gattung sei für sich von einem Schöpfer erdacht und verwirklicht worden. Darwin widerlegte das Argument der Absicht, indem er zeigte, daß ein vorgefaßter Plan durch eine Verknüpfung einfacher Mechanismen simuliert werden kann. Drei Bedingungen müssen erfüllt sein: Die Strukturen müssen variieren; diese Variationen müssen erblich sein; die Umweltbedingungen müssen die Reproduktion bestimmter Varianten begünstigen. Zu Darwins Zeit waren die Mechanismen der Vererbung noch unbekannt. Inzwischen haben die klassische Genetik und später die Molekularbiologie die genetischen und biochemischen Grundlagen für ein Verständnis der Reproduktion und Variation geschaffen. Damit haben die Biologen nach und nach eine annehmbare, wenn auch unvollständige Vorstellung von dem entwickelt, was als Haupttriebkraft der Evolution der belebten Welt gilt, der natürlichen Auslese.

Die natürliche Auslese ist die Resultante aus zwei Zwängen, denen jedes Lebewesen unterliegt: erstens der Notwendigkeit der Reproduktion, die durch genetische Mechanismen gewährleistet wird, bei denen Mutationen, Rekombinationen und Sexualität in sorgfältig abgestimmter Weise zusammenwirken, um Organismen zu erzeugen, die ihren Eltern ähnlich, aber nicht mit ihnen identisch sind; und zweitens der Notwendigkeit einer ständigen Wechselwirkung mit der Umwelt, weil Lebewesen, thermodynamisch gesprochen, offene Systeme sind, die sich nur durch einen ständigen Fluß von Materie, Energie und Information erhalten können. Der erste dieser Faktoren erzeugt Zufallsvariationen und läßt Populationen entstehen, in denen alle Individuen voneinander verschieden sind. Das Zusammenwirken beider Faktoren führt dazu, daß verschiedene Individuen sich in unterschiedlichem Maße vermehren, so daß die Populationen sich in Abhängigkeit von den äußeren Bedingungen, vom Verhalten, von neuen ökologischen Nischen usw. weiterentwickeln müssen. Im Gegensatz zu einer verbreiteten Ansicht wirkt die natürliche Auslese nicht ausschließlich wie ein Sieb, das schädliche Mutationen eliminiert und die Verbreitung vorteilhafter Mutationen begünstigt. Langfristig integriert sie die Mutationen; sie faßt sie zu adaptiv sinnvollen Strukturen zusammen, die sich über Millionen von Jahren und Millionen von Generationen hinweg an die Herausforderungen der Umwelt anpassen. Es ist die natürliche Auslese, die dem Wandel eine Richtung gibt, die den Zufall lenkt, die langsam und fortschreitend immer komplexere Strukturen, neue Organe und neue Arten entstehen läßt. Aus der Darwinschen Konzeption folgt unausweichlich, daß die belebte Welt, so wie wir sie heute ringsum erblicken, nur eine unter vielen möglichen ist. Ihre gegenwärtige Zusammensetzung ist ein Resultat der Erbgeschichte. Sie hätte auch ganz anders aussehen können, ja es hätte sehr wohl·sein können, daß es sie nie gegeben hätte!

Der Gegensatz zwischen Schöpfung und natürlicher Auslese kann als Beispiel verstanden werden für die Kontroverse, bei der es – mit den Worten Joshua Lederbergs [9] – um Selektionsmechanismen und Lern- oder didaktische Mechanismen geht. Während Darwins Modell ein selektives ist, kann die theistische Theorie als didaktisch aufgefaßt werden. Denn der Schöpfer handelt wie ein Bildhauer, der der Materie beibringt, welche Gestalt sie annehmen soll, oder wie ein Informatiker, der ein Programm schreibt und den Computer instruiert, welche Operationen er durchführen soll. Sämtliche Mythologien verwenden das menschliche Modell des Lehrens und Schaffens. Ihre Haltung ist anthropomorph und didaktisch. Die Bedeutung von Darwins Lösung liegt darin, daß sie mit einem Selektionsmechanismus erklärte, was auf den ersten Blick wie ein instruktives System wirkte.

Der Gegensatz zwischen Selektion und Instruktion hat die gesamte Biologie erfaßt. Der bekannteste Aspekt dieser Kontroverse hängt mit der Vererbung erworbener Merkmale zusammen, mit der Vorstellung, daß Lebewesen aus ihrer Umwelt, aus der Wiederholung bestimmter Akte Informationen empfangen, die erblich werden und dadurch von einer Generation an die nächste weitergegeben werden. Nach dieser Lamarckschen Auffassung von der Vererbung arbeitet das genetische Gedächtnis genau so wie das zerebrale Gedächtnis: Es lernt. Was zu dieser didaktischen Auffassung führt, ist das Bedürfnis der Menschen, sich die biologischen Prozesse nach dem Modell geistiger Prozesse vorzustellen. Daher rührt unser unwiderstehlicher Hang, an eine Lerntheorie, eine Lamarcksche Theorie der Vererbung und der Evolution zu glauben. Schon die Bibel war lamarckistisch, wie ein herrliches Experiment zeigt, das Jakob durchführte. Um nicht seine eigenen Schafe mit denen seines Schwiegervaters zu verwechseln, beschloß Jakob, sich eine Herde aus gefleckten und gesprenkelten Tieren aufzubauen. Er nahm also Pappelzweige, aus deren Rinde er Streifen herausschälte, und legte sie dorthin, wo die Tiere, wenn sie zum Trinken kamen, sich paarten. »Also empfingen die Herden über den Stäben und brachten Sprenklige, Gefleckte und Bunte.« In den folgenden Jahrhunderten sind derartige Experimente endlos wiederholt worden, wenn auch nicht immer mit so glänzendem Erfolg.

Bis ins 19. Jahrhundert hinein wurde überhaupt nicht in Zweifel gezogen, daß die Vererbung Lerncharakter habe. Das erste gegen die Lerntheorie gerichtete Experiment wurde um 1880 von August Weismann [10] durchgeführt, der beweisen wollte, daß Soma und Keimbahn unabhängig voneinander sind. Um zu beweisen, daß die Keimzellen von den Wechselfällen des Körpers unberührt bleiben, schnitt Weismann neugeborenen Mäusen den Schwanz ab. Nachdem er diese Behandlung über mehr als zwanzig Generationen hinweg wiederholt hatte, stellte Weismann befriedigt fest, daß die Mäuschen noch immer mit einem normalen Schwanz geboren wurden. Dieses Experiment wirkte freilich nicht sehr überzeugend. Erst zu Beginn unseres Jahrhunderts wurde die Vererbung erworbener Merkmale definitiv widerlegt, denn man erkannte, daß sie mit den Eigenschaften der Gene und der Mutationen nicht zu vereinbaren war. Seither hat jedes Experiment, das sorgfältig vorbereitet und genauestens durchgeführt wurde, um die Lernhypothese zu überprüfen, ergeben, daß diese falsch ist. Für die moderne Biologie gibt es keinen molekularen Mechanismus, mit dessen Hilfe Instruktionen aus der Umwelt unmittelbar, d. h. ohne den Umweg über die natürliche Auslese, in die DNS einzubringen sind. Nicht, daß ein solcher Mechanismus theoretisch unmöglich wäre – es gibt ihn einfach nicht.

Aus der realen Welt, so wie die moderne Biologie sie heute sieht, ist die Vererbung von erworbenen Merkmalen also verbannt worden. Dennoch hat sich gezeigt, daß es sehr schwer ist, diese Vorstellung zu zerstören, und zwar nicht nur bei Laien, sondern auch bei gewissen Biologen. Bis heute hat man nicht aufgehört, Experimente zu machen, mit denen sie gerettet werden soll. Die Vererbung erworbener Merkmale ist ein bevorzugtes Gebiet all jener geblieben, die der Realität ihre Wunschvorstellungen aufzwingen möchten. Das belegt die Lyssenko-Affäre ebenso wie eine Reihe von Fälschungen, deren berühmteste Arthur Koestler in seinem Roman *The Case of the Midwife Toad* (deutsch: *Der Krötenküsser. Der Fall des Biologen Paul Kammerer*) ausführlich beschrieben hat. In der Wissenschaft gilt die Spielregel, nicht zu mogeln – weder bei den Ideen noch bei den Tatsachen. Das ist eine ebenso logische wie moralische Verpflichtung. Wer mogelt, verfehlt ganz einfach sein Ziel. Er sorgt für seine eigene Niederlage. Er begeht Selbstmord. Es gibt Fälle von Betrug in der Wissenschaft, und sie sind gleichzeitig erstaunlich und interessant. Erstaunlich sind sie, weil es, wenn wichtige Fragen auf dem Spiel stehen, kindisch ist, anzunehmen, der Schwindel würde nicht nach einiger Zeit auffliegen; der Betrüger muß demnach felsenfest davon überzeugt sein, daß das Resultat, das er mit seinem Betrug vortäuscht, nicht nur möglich, sondern real ist. Betrügereien sind außerdem interessant, weil sie von vorsätzlicher Verfälschung der Resultate bis hin zu geringfügigen, zuweilen sogar unbewußten Abweichungen vom normalen Verhalten eines Wissenschaftlers reichen. Sie rühren damit an psychologische und ideologische Aspekte der Wissenschaft und der Wissenschaftler. Sie können also zum Verständnis vorgefaßter Meinungen beitragen, die eine Zeitlang den Fortschritt der Wissenschaft aufhalten. In diesem Sinne sind Betrügereien ein Bestandteil der Wissenschaftsgeschichte.

Lernhypothesen hat man ebenfalls angeführt, um die spezifischen Eigenschaften bestimmter Proteine zu erklären. Viele Bakterien können beispielsweise ein breites Spektrum von Zuckerarten verarbeiten. Häufig können sie jedoch die für die Verdauung eines bestimmten Zuckers erforderliche Enzymaktivität nur entwickeln, wenn sie in einem Medium kultiviert werden, das diesen Zucker enthält. Lange hat man geglaubt, der Zucker brächte dem Bakterium eine Information, er lehrte gewissermaßen das Protein, wie es sich falten muß, um jene bestimmte Enzymwirkung zu haben. Als es jedoch möglich wurde, Bakterien genetisch zu untersuchen, zeigte sich, daß diese didaktische Hypothese falsch ist. Der Zucker wirkt lediglich als ein Startsignal für die Synthese des Proteins, er setzt also eine Reihe von Prozessen in Gang, die bis ins kleinste Detail von den Genen geregelt sind. Er wählt aus dem Genbestand dasjenige Gen aus, das dieses Protein kodiert, und aktiviert es. Die Struktur und die Aktivität dieses Proteins bleiben völlig unabhängig von dem Zucker. Es handelt sich um einen reinen Selektionsmechanismus.

Bei der Erforschung der Antikörper ist die gleiche Geschichte passiert. Diese Proteinmoleküle werden von Wirbeltieren als Reaktion auf die Injektion eines Antigens produziert, eines molekularen Gebildes, das der Körper nicht als einen Bestandteil seiner selbst, sondern als etwas Fremdes empfindet. Auf das Auftreten eines Antigens reagiert der Organismus spezifisch mit der Synthese des entsprechenden Antikörpers. Ein Säugetier kann auf diese Weise zehn bis hundert Millionen verschiedene Arten von Antikörpern erzeugen, deren jede ein bestimmtes molekulares Gebilde zu »erkennen« vermag, auch wenn sie es nie zuvor gesehen hat. Wegen dieser ungeheuren Zahl und weil es unmöglich ist, daß die Chromosomen für jeden möglichen Antikörper ein bestimmtes Gen enthalten, ist das Immunsystem lange ein bevorzugtes Gebiet für Lernhypothesen gewesen. Man glaubte, das Antigen bringe dem Antikörpermolekül bei, welche Konformation es annehmen müsse, um das Antigen an sich zu binden. Inzwischen ist klar, daß das System nicht in dieser Weise funktioniert, sondern nach einem subtileren Mechanismus. Bei der Immunreaktion wird immer, gleichgültig, wie ausgefallen ein Antigen auch sein mag, eine bereits in den Lymphzellen vorhandene genetische Information aktiviert, und es findet nicht eine Art von Erziehung der Zelle durch die molekulare Struktur des Antigens statt. Bei der Produktion von Antikörpern handelt es sich nicht um einen Lamarckschen, sondern um einen Darwinschen Vorgang, nicht um einen Lern-, sondern um einen Selektionsmechanismus.

Es bleibt noch ein Bereich, in dem die Kontroverse zwischen Instruktion und Selektion noch nicht geklärt ist – das Nervensystem. Darüber, wie während der embryonalen Entwicklung die Synapsen, also die Verbindungen zwischen den Neuronen, festgelegt werden, oder über die direkte beziehungsweise indirekte Rolle der Gene bei der »Verdrahtung« des Nervensystems oder über den Lernprozeß weiß man noch sehr wenig. Wie beim Immunsystem ist die Zahl der Synapsen im Nervensystem eines Säugetieres enorm, und es ist unmöglich, daß die Keimbahn für die Festlegung jeder Synapse ein bestimmtes Gen enthält. Man hat daher angenommen, daß die Synapsen durch recht flexible, nichtgenetische Mechanismen festgelegt werden. Das Gehirn ist per definitionem das Gebiet des Lernens. Selektionstheorien haben es in diesem Bereich im allgemeinen schwer wegen des unwiderlegbaren Arguments, daß »Schillers *Glocke* in dem Kopf des Kindes, das dieses Gedicht lernt, nicht vorher verdrahtet gewesen sein kann«. Es geht hier jedoch nicht um Worte oder Ideen, sondern um Synapsen. Schon vor mehreren Jahrzehnten ist angedeutet worden, daß während der embryonalen Entwicklung überzählige Synapsen hergestellt werden könnten. Lernen würde dann darin bestehen, daß bestimmte Synapsen selektiert und zu Funktionskreisen verknüpft werden, während die ungenutzten Synapsen verschwinden würden. Es wird wahrscheinlich noch einige Zeit vergehen, bis geklärt ist, ob der Lernprozeß ein didaktischer oder ein Selektionsvorgang ist.

Anfangs stützte sich die Evolutionstheorie auf Befunde der Morphologie, der Embryologie und der Paläontologie. In unserem Jahrhundert ist sie durch verschiedene Ergebnisse der Genetik, der Biochemie und der Molekularbiologie bekräftigt worden. Die gesamte Information aus diesen verschiedenen Bereichen wird heute in dem sogenannten modernen Darwinismus zusammengefaßt. Die Spuren der Evolution finden sich in jeder unserer Zellen, in jedem unserer Moleküle. Inzwischen ist es praktisch nicht mehr möglich, die ungeheure Menge von Daten, die seit dem Beginn unseres Jahrhunderts zusammengetragen wurden, anders als mit einer Theorie zu erklären, die dem modernen Darwinismus sehr nahe kommt. Die Wahrscheinlichkeit dafür, daß diese Theorie *insgesamt* eines Tages widerlegt werden könnte, liegt jetzt nahe bei Null.

Und doch sind wir von ihrer endgültigen Fassung noch weit entfernt, insbesondere was die Mechanismen der Evolution betrifft. Die Genetik betrachtet die Organismen auf zwei verschiedenen Ebenen. Auf der einen geht es um die sichtbaren Merkmale, die Formen, die Funktionen, das Verhalten, kurz, um die *Phänotypen*. Auf der anderen geht es um verborgene Strukturen, um den Zustand der Gene, um die sogenannten *Genotypen*. Das sind zwei ganz verschiedene Welten. Bei der ersten geht es darum, die realen Organismen zu beschreiben, bei der zweiten, deren Eigenschaften durch mögliche genetische Strukturen zu erklären. Zwar bestimmen die Gene die Merkmale, doch ist der Zusammenhang zwischen diesen beiden Welten erst für einige einfache Merkmale wirklich geklärt. Nur für bestimmte Systeme wie etwa die Blutgruppen oder die Enzymmängel hat man zwischen einem bestimmten Gen und seinem Produkt, zwischen Genotyp und Phänotyp eine Korrelation feststellen können. In den meisten Fällen ist die Situation sehr viel komplizierter. Oft ist ein Gen am Ausdruck zahlreicher Merkmale beteiligt, und ein Merkmal kann von zahlreichen Genen bestimmt sein, die wir nicht zu identifizieren vermögen. Im übrigen sind wir, wie neuere Beobachtungen bezüglich der Struktur der Chromosomen zeigen, noch weit davon entfernt, alle genetischen Mechanismen der Evolution zu kennen. Praktisch alle Biologen sind heute Anhänger des modernen Darwinismus. Man kann den Evolutionsgedanken jedoch auf Organismen, auf Moleküle oder auf statistische Abstraktionen beziehen. Es gibt, was die Evolution, ihr Tempo und ihren Mechanismus betrifft, noch viele verschiedene Betrachtungsweisen.

Was Darwin dem Argument der Absicht entgegensetzte, war die Anpassung. Anpassung ist der zentrale Begriff der Evolutionsvorstellung, und er hängt unauflöslich mit den Theorien über die Entstehung des Lebens zusammen. Man nimmt an, daß das Leben aus einer »Ursuppe«, dem Ergebnis einer chemischen Evolution, hervorgegangen ist. Irgendein molekulares Gebilde muß die Fähigkeit entwickelt haben, Bestandteile dieser organischen Lösung zu nutzen, um sich zu reproduzieren. Das konnte jedoch kaum eine getreue Reproduktion sein, und so konnten alle möglichen Variationen entstehen. An ihnen konnte die natürliche Auslese ansetzen. Diese primitiven Organismen verbesserten nach und nach die Wirksamkeit ihrer Reproduktion und begannen sich zu diversifizieren. Einem Zweig, den wir als Pflanzen bezeichnen, gelang es, sich unmittelbar vom Sonnenlicht zu ernähren. Ein anderer Zweig, den wir als Tiere bezeichnen, schaffte es, sich die biochemischen Eigenschaften der Pflanzen zunutze zu machen, sei es, daß er Pflanzen fraß oder daß er andere Tiere fraß, die ihrerseits Pflanzen fressen. Entsprechend den Umweltbedingungen, die sich ständig diversifizierten, fanden die beiden Zweige ständig neue Lebensmöglichkeiten. Es tauchten Unterzweige auf und Unter-Unterzweige, die jeweils in einer bestimmten Umwelt zu leben vermochten: im Meer, auf dem Lande, in der Luft, in den Polargebieten, in heißen Quellen, innerhalb anderer Organismen usw. Aus dieser fortschreitenden Verzweigung ist im Laufe von Jahrmilliarden die verblüffende Vielfalt und Angepaßtheit der belebten Natur von heute hervorgegangen.

Der Mechanismus, auf den Darwin stieß, als er Malthus las, verleiht jenen Individuen einen Vorteil, die aufgrund ihrer Physiologie oder ihres Verhaltens die vorhandenen Ressourcen am besten für ihre Reproduktion nutzen. Dieser Mechanismus verknüpft das genetische System und die Umwelt derart, daß die letztere das erstere in einer Weise beeinflußt, die letzten Endes auf den Lamarckismus hinausläuft. Die Anpassung ist ein Ergebnis der Konkurrenz zwischen *Individuen* entweder innerhalb der Art oder zwischen den Arten. Sie sorgt automatisch dafür, daß die genetischen Gelegenheiten ergriffen werden und daß der Zufall auf Wege gelenkt wird, die mit dem Leben in einer bestimmten Umwelt vereinbar sind. Nach Ansicht vieler Biologen hat ein Anpassungsprozeß, der über Millionen von Jahren und Millionen von Generationen hinweg unablässig wirksam war, jeden Organismus, jede Zelle und jedes Molekül bis ins letzte Detail verfeinert.

Dieser Glaube an die natürliche Auslese und ihre absolute Macht hat während der letzten fünfzig Jahre den Evolutionsgedanken beherrscht. Letzthin ist er jedoch von einigen Populationsgenetikern kritisiert worden, die nicht glauben mögen, daß die natürliche Auslese jeden Organismus bis ins letzte Detail optimal formen könne. George C. Williams[11] hat vor fünfzehn Jahren darauf hingewiesen, daß die Anpassung ein anspruchsvoller Begriff sei, den man nur dort verwenden sollte, wo es notwendig ist. Bei unterschiedsloser Anwendung dieses Begriffs gelangt man dahin, der belebten Natur jene Vollkommenheit zuzuschreiben, die einst der göttlichen Schöpfung zugute gehalten wurde. Wenn man die Organismen in diskrete Merkmale und Strukturen zerlegt, die alle optimal eine Funktion erfüllen, baut man am Ende etwas auf, was S. Gould und R. Lewontin[12] als eine »Welt des Pangloss« bezeichnet haben. Als er hörte, daß ein gewaltiges Erdbeben in Lissabon etwa fünfzigtausend Menschen getötet habe, erklärte Dr. Pangloss seinem Schüler Candide: »Alles dies ist so am besten. Wenn es nämlich bei Lissabon einen Vulkan gibt, so kann das Erdbeben nicht woanders sein, denn es ist ja selbstverständlich, daß sich die Ereignisse dort abspielen müssen, wo sie entstehen. Also ist alles gut.«[13]

Anpassung ist in der Tat keine notwendige Bedingung der Evolution. Diese findet auch dann schon statt, wenn der Genbestand einer Population sich verändert, sei es plötzlich, sei es allmählich über Generationen hinweg. Eine solche statistische Variation im relativen Überleben verschiedener Gene schließt nicht unbedingt eine Anpassung ein. Vielleicht äußern sich darin Zufallseffekte auf irgendeiner Stufe des Reproduktionsvorganges. Der Zufall allein kann offenbar nicht erklären, warum die Landtiere Beine, die Vögel Flügel und die Fische Flossen haben. Heute kennt man jedoch neben der natürlichen Auslese eine ganze Reihe von Mechanismen, die an der Evolution beteiligt sind, etwa die genetische Drift, die zufällige Fixierung von Genen, die indirekte Auslese, die eine Folge der Genkoppelung ist, das differentielle Wachstum von Organen usw. Viele dieser Faktoren tragen dazu bei, die Wirkungen der natürlichen Auslese zu verwischen. Sie können sogar Strukturen hervorbringen, die keinerlei Funktion haben. Das Problem ist, das jeweilige Gewicht all dieser Prozesse im Rahmen der Evolution zu bestimmen.

Die Möglichkeiten der Änderung von Strukturen und Funktionen sind durch eine ganze Reihe von Zwängen begrenzt. Von besonderer Bedeutung sind die Zwänge, die von dem allgemeinen Bauplan verwandter Arten, von den mechanischen Eigenschaften der Baumaterialien und vor allem von den Gesetzmäßigkeiten der embryonalen Entwicklung ausgehen. Während der embryonalen Entwicklung werden ja die Instruktionen, die in dem genetischen Programm des Organismus enthalten sind, in die Tat umgesetzt, wird aus dem Genotyp ein Phänotyp. Vor allem die Erfordernisse der embryonalen Entwicklung sieben aus dem Wust von möglichen Genotypen die realen Phänotypen aus. Ich habe mich in meiner Kindheit oft gefragt, warum die Menschen nicht zwei Münder haben – einen mit Geschmacksempfinden, der für leckere Speisen reserviert ist, und einen ohne Geschmacksempfinden für die ungenießbaren Dinge; auch habe ich mich gefragt, warum die Menschen nicht auf dem Kopf statt der Haare eine Chlorophyllkappe haben, denn dann bräuchten sie nicht so viel Zeit und Mühe für die Nahrungssuche zu verplempern. Die Antwort ist eigentlich ganz einfach. Zwar würden solche Attribute das Leben vielleicht angenehmer oder einfacher machen, doch ist der Bauplan unseres Körpers der gleiche wie der unserer Wirbeltiervorfahren, und unsere Wirbeltiervorfahren hatten nur einen Mund und kein Chlorophyll. Nicht alles ist bei den Organismen möglich.

Inzwischen müßte eigentlich klargeworden sein, daß die Welt in all ihren Einzelheiten nicht mit einer einzigen Formel oder einer einzigen Theorie erklärt werden kann. Der menschliche Geist hat jedoch ein solches Bedürfnis nach Einheitlichkeit und Kohärenz der Erklärung, daß jede Theorie von einiger Bedeutung Gefahr läuft, mißbraucht zu werden und zum Mythos abzuleiten. Eine Theorie muß, wenn sie einen großen Bereich abdecken soll, sowohl hinreichende Erklärungskraft haben, um unterschiedliche Ereignisse zu erfassen, als auch hinreichende Flexibilität, um auf veränderliche Umstände bezogen werden zu können. Freilich kann durch übermäßige Flexibilität aus Stärke Schwäche werden, denn eine Theorie, die allzu viel erklärt, erklärt am Ende nichts. Unterschiedslos angewandt, büßt sie ihre Brauchbarkeit ein und wird zu leerem Gerede. Vor allem Fanatiker und populäre Vereinfacher erkennen nicht immer die subtile Grenze, die eine heuristische Theorie von einem nichtssagenden Glauben trennt – einem Glauben, der, statt die reale Welt zu beschreiben, auf alle möglichen Welten bezogen werden kann.

Namentlich das geistige Werk eines Marx oder eines Freud ist durch derartigen Mißbrauch entstellt worden. Freud vermochte sich – und daneben einen erheblichen Teil der westlichen Welt –

von der Bedeutung unbewußter Kräfte im menschlichen Verhalten zu überzeugen. Anschließend bemühten sich Freud und mehr noch seine Schüler verzweifelt, das Irrationale zu rationalisieren, es in ein unentrinnbares System von Ursachen und Wirkungen einzufangen. Mit Hilfe eines erstaunlichen Arsenals, das Komplexe, Traumdeutungen, Übertragungen, Sublimationen usw. umfaßte, konnte jeder beliebige erkennbare Aspekt menschlichen Verhaltens durch irgendeine verborgene psychische Schädigung erklärt werden. Was Marx betrifft, so wies er die Bedeutung des »historischen Materialismus« in der Entwicklung der menschlichen Gesellschaften nach. Auch in seinem Falle meinten die Schüler, noch den unbedeutendsten Aspekt der chaotischen geschichtlichen Entwicklung mit ein und demselben Universalargument erklären zu müssen. Jedes Detail der menschlichen Geschichte wurde als unmittelbare Wirkung auf irgendeine ökonomische Ursache zurückgeführt.

Eine so machtvolle Theorie wie die Darwins konnte der Gefahr des Mißbrauchs kaum entgehen. Nicht nur, daß mit der Anpassung jedes beliebige Strukturmerkmal jedes beliebigen Organismus erklärt werden konnte; besonders die Tatsache, daß man mit der natürlichen Auslese die Evolution des Lebendigen zu erklären vermochte, ließ es verlockend erscheinen, dieses Argument zu verallgemeinern und so umzumodeln, daß jeglicher Wandel in der Welt mit diesem universalen Modell erklärt werden konnte. So hat man entsprechende Auslesesysteme ins Feld geführt, um beliebige – seien es nun kosmische, chemische, kulturelle, ideologische oder gesellschaftliche – Entwicklungen zu beschreiben. Derartige Versuche sind jedoch von vornherein zum Scheitern verurteilt, denn die natürliche Auslese ist das Resultat ganz spezifischer Zwänge, denen jedes Lebewesen unterliegt. Sie stellt also einen Mechanismus dar, der einem ganz bestimmten Niveau der Komplexität entspricht. Jedes Niveau hat aber seine eigenen Spielregeln, und deshalb müssen für jedes Niveau andere Gesetzmäßigkeiten entwickelt werden.

Unter den wissenschaftlichen Theorien nimmt die Evolutionstheorie eine besondere Stellung ein, nicht nur, weil sie in manchen Aspekten nur schwer experimentell überprüfbar ist und unterschiedliche Auslegungen zuläßt, sondern auch, weil sie eine Erklärung für die Entstehung, die Geschichte und den gegenwärtigen Zustand der belebten Natur liefert. Deshalb wird die Evolutionstheorie häufig einem Mythos gleichgesetzt und als eine Geschichte aufgefaßt, die von den Anfängen berichtet – und dadurch die belebte Welt und die Stellung, die der Mensch in ihr einnimmt, erklärt. Es wurde schon darauf hingewiesen, daß dieses Bedürfnis nach Mythen, darunter auch kosmologischen Mythen, allen Kulturen und allen Gesellschaften gemeinsam ist. Es ist denkbar, daß Mythen den Zusammenhalt menschlicher Gruppen stärken, indem sie deren Mitglieder durch den Glauben an einen gemeinsamen Ursprung und eine gemeinsame Herkunft miteinander verbinden. Durch diesen Glauben können Gruppen sich wahrscheinlich von »anderen« unterscheiden und ihre eigene Identität definieren. In mythischen Darstellungen der Evolution des Menschen wird zwar oft zwischen »zivilisierten« und »primitiven« Völkern unterschieden, doch kann, weil die Menschheit als biologische Art eine Einheit bildet, die Evolutionstheorie nicht die Rolle eines solchen einigenden Glaubens spielen, es sei denn, die Menschen würden sich eines Tages von den Marsbewohnern differenzieren wollen! Außerdem enthält ein Mythos immer moralische Werte und eine Art von umfassender Erklärung, die dem menschlichen Leben einen Sinn verleiht, und es deutet nichts darauf hin – trotz zahlreicher entsprechender Versuche –, daß die Evolutionstheorie eine solche Rolle spielen könnte.

In einem von Gott erschaffenen Universum waren die Welt und ihre Bewohner notwendigerweise so, wie sie sein mußten. Die Natur war sozusagen ein Abklatsch der Moral. Mit der Evolutionstheorie wurde es verlockend, die Situation umzukehren und aus der Naturerkenntnis eine Moral abzuleiten. Von Anfang an ist der Darwinismus mit Ideologie vermengt worden. Die Evolution durch natürliche Auslese wurde sogleich für unterschiedliche, ja für entgegengesetzte Doktrinen in Anspruch genommen. Man konnte sie, da natürliche Vorgänge keine moralischen Werte beinhalten, ebensogut bejubeln wie verteufeln und mit jeder beliebigen Auffassung für vereinbar erklären. Für Marx und Engels wies die Evolution der Arten in die gleiche Richtung wie die Geschichte der Gesellschaft. Kapitalistische und kolonialistische Ideologien benutzten den Darwinismus als wissenschaftliches Alibi zur Rechtfertigung sozialer Ungleichheit und verschiedener Formen von Rassismus. Seit der Mitte des 19. Jahrhunderts sind wiederholt Versuche unternommen worden – den jüngsten stellt die Soziobiologie dar –, aus ethologisch-evolutionären Überlegungen eine Moral abzuleiten. Die Fähigkeit, sich einen moralischen Kodex zu eigen zu machen, kann in der Tat als ein Aspekt menschlichen Verhaltens aufgefaßt werden. Sie muß also durch Selektionskräfte geformt worden sein, genauso wie etwa die Fähigkeit zu sprechen, was Noam Chomsky als eine »Tiefenstruktur«[14] bezeichnet. Insofern ist es Sache des Biologen zu erklären, wie die Menschen im Laufe der Evolution die *Fähigkeit* erworben haben, moralische Überzeugungen zu besitzen. Das gilt aber keineswegs für den *Inhalt* dieser Überzeugungen. Etwas, das »natürlich« ist, ist deshalb noch nicht »gut«. Selbst wenn es Unterschiede des Temperaments und der kognitiven Fähigkeiten zwischen den beiden Geschlechtern gäbe – was noch zu klären ist –, wäre es deshalb noch nicht »gut« oder »richtig«, den Frauen bestimmte Rechte oder bestimmte Rollen in der Gesellschaft zu verweigern. In der Evolution eine Erklärung für moralische Normen finden zu wollen ist ebensowenig berechtigt, wie wenn man in ihr eine Erklärung für die Poesie oder die Mathematik suchte. Und noch niemand hat bislang von einer biologischen Theorie der Physik gesprochen.

Die Ethik aus der Naturwissenschaft begründen zu wollen bedeutet, daß man zwei Kategorien, die nach Kant etwas völlig Verschiedenes sind, durcheinanderbringt. Diese – wenn man so sagen darf – »Biologisierung« ist ein ideologischer Reflex des Szientismus, des Glaubens, man könne eines Tages mit den Methoden und Konzepten dieser Wissenschaft das menschliche Handeln in allen Einzelheiten erklären. Ein solcher Glaube steckt hinter der etwas verschwommenen Terminologie vieler Soziobiologen, hinter manchen ihrer durch nichts gerechtfertigten Annahmen und hinter ihren Extrapolationen vom Tier zum Menschen hin. Auf diese Verwischung der Grenzen zwischen Ethik und Wissenschaft stößt man übrigens auch bei der entgegengesetzten Haltung, die manche Wissenschaftler dazu veranlaßt, bestimmte wohlbegründete Thesen der Soziobiologie abzulehnen, mit der Begründung, derartige Argumente könnten eines Tages für eine von ihnen mißbilligte Sozialpolitik benutzt werden. Als ob die Evolutionstheorie nicht bloß eine Hypothese wäre, die ständig überprüft und verbessert werden muß, als ob sie die Verkörperung aller möglichen Vorurteile, Befürchtungen und Hoffnungen im Hinblick auf unsere Gesellschaft wäre!

Diese ganzen Auseinandersetzungen werfen einige schwerwiegende Fragen auf: Ist es möglich, daß die Biologen eine wirklich von ideologischen Vorurteilen freie Evolutionstheorie entwickeln? Ist es möglich, daß eine Geschichte der Ursprünge zugleich als wissenschaftliche Theorie und als Mythos fungiert? Ist es möglich, daß eine Gesellschaft ein Wertesystem direkt festlegt, das heißt ohne Bezug auf äußere Mächte wie Gott oder die Geschichte, Mächte, die der Mensch selbst geschaffen und über seine eigene Existenz gestellt hat?

2 Die Bastelei der Evolution

Blut ... ist noch das Bestmögliche,
was man in den Adern haben kann.
Woody Allen,
Getting Even

Im Jahre 1543, mit der Veröffentlichung des Buches von Kopernikus, hört die Sonne auf, um die Erde zu kreisen. Im gleichen Jahr erscheint ein anderes Werk – *De humani corporis fabrica* von Vesalius – von einer völlig neuen Gattung. Neu nicht vom Thema her – der Beschreibung des menschlichen Körpers –, sondern in seiner Machart. Zum ersten Mal wird der Körper nicht mehr in Worten beschrieben, die von Generation zu Generation weitergegeben wurden. Er wird dargestellt in einer Reihe von Stichen, in denen die Kunst des Malers sich mit dem Wissen des Arztes verbindet und aufs genaueste zeigt, was das Skalpell nach und nach dem Blick offenbart. In diesem Buch geht es nicht mehr nur um anatomische Teilstudien wie bei Dürer, Michelangelo und vor allem Leonardo da Vinci. Es geht um die Architektur des gesamten menschlichen Körpers in alltäglichen Haltungen. Nichts, was es bis dahin gegeben hat, reicht an die Feinheit und Genauigkeit dieser Stiche heran. Beispielsweise bei jenem Skelett, das, aufrecht stehend, im Profil gezeigt wird, ein wenig gebeugt, den Ellbogen lässig auf einen hohen Tisch gestützt, der sich auf der rechten Seite der Zeichnung befindet. Den Hintergrund bildet eine Miniaturlandschaft, jene Mischung aus Palästen, Ruinen und mit Zwergbäumen übersäten Hügeln, die in der Renaissance die Perspektive andeuten sollte. Was jeden einzelnen Knochen deutlich hervortreten läßt, ist ein sanftes Licht, das von rechts oben herabfällt und den Schatten auf der Rückseite des Schädels und der Wirbel vertieft. Die Haltung des Skeletts ist ein wenig schlaff, so als habe der Künstler einen Eindruck von Gelassenheit und Besinnlichkeit vermitteln wollen. Der Eindruck der Gelassenheit rührt von der leicht verschobenen Haltung der Hüften her: Das ganze Gewicht des Skeletts ruht allein auf dem ausgestreckten rechten Bein, während das linke Knie gerade so weit gebeugt ist, daß die Schienbeine sich kreuzen und der linke Fuß lediglich mit den Zehenspitzen aufruht. Der Eindruck der Besinnlichkeit kommt daher, daß der linke Arm, dessen Ellbogen auf dem Tisch ruht, spitzwinklig zurückgebeugt ist, so daß der Kopf, auf den Handrücken gestützt, die Haltung des Denkers einnimmt. Was jedoch die Aufmerksamkeit fesselt und dem Stich seine intensive Wirkung verleiht, ist das Gesicht, das einem zweiten Schädel zugewandt ist, den die rechte Hand auf dem Tisch festhält. Mit seinen leeren Augenhöhlen scheint das Skelett dieses zweite Gesicht eindringlich zu betrachten, so als wolle der Mensch sich selbst erforschen.

Gewiß hatte die Renaissancekunst bis dahin kaum mit Skeletten gegeizt. Mögen die Figuren des Vesalius auch ebenso grinsen, mögen sie auch das gleiche dürre Lächeln zeigen wie die Figuren eines Holbein oder eines Dürer, so erfüllen sie dennoch nicht die gleiche Funktion. Die Skelette der Totentänze, in Basreliefs und Bildern dargestellt, symbolisierten die Hinfälligkeit des Daseins. Sie erinnerten daran, daß vor dem Tod jeder gleich ist. Sie wiesen auf das Jüngste Gericht hin. Bei den Stichen des Vesalius geht es um etwas ganz anderes. Was die Skelette, die von vorn, von hinten oder im Profil dargestellt sind, zeigen, ist das Gerüst, das den menschlichen Körper trägt, ist die Struktur, an der die Muskeln ansetzen, an der die Kräfte wirken, welche die Bewegung koordinieren und das Arbeiten ermöglichen. Trotz des leeren Blicks drücken die Skelette des Vesalius nicht Todesfurcht aus, sondern tätiges Leben.

Etwas anderes vermitteln die Muskeldarstellungen des Vesalius. Auch hier wird vor dem Hintergrund einer Landschaft der gesamte menschliche Körper von vorn oder von hinten dargestellt. Auch hier bieten sich die Figuren, von deren gequälten

Gesichtern Kraft und Würde ausstrahlt, in vertrauten Stellungen dar. Anfangs nur ihrer Haut beraubt, zeigen diese Männer- und Frauenleiber das oberflächliche Gefäßsystem. In den folgenden Tafeln werden dann die Muskeln Schicht für Schicht entfernt. Jeder Muskel wird, an seiner oberen Befestigung durchtrennt, heruntergezogen und läßt dadurch hervortreten, was sich darunter verbarg. So verliert der Körper fortschreitend seine Undurchsichtigkeit. Nach jedem Einschnitt enthüllt sich eine neue Form, hinter jeder Öffnung eine lineare oder flächenhafte Symmetrie. Von Darstellung zu Darstellung tritt das Verborgene immer mehr zutage, bietet sich der gesamte Innenraum des Körpers dem Blick dar. Doch in dem Maße, wie dieser Körper an Umfang verliert, wie seine Muskellagen nach und nach entfernt werden, büßt er an Schwung und Würde ein. Von Seite zu Seite sinkt dieser Körper immer mehr in sich zusammen. Er wird nach und nach zu einer Puppe, die an einer Wand lehnt. Schließlich ist er nur noch ein leeres Gerippe, das allein von einem Galgenstrick aufrecht gehalten wird. Was die Muskelbilder des Vesalius uns auf diese Weise vermitteln, ist uns heute vertraut, doch damals war es etwas völlig Neues. Es erinnert uns daran, daß es dem westlichen Menschen nur anhand seines eigenen Leichnams gelungen ist, sich zum Gegenstand der Wissenschaft zu machen. Um den eigenen Körper zu erkennen, muß man ihn zunächst zerstören.

In den Augen des 16. Jahrhunderts ist die Gestalt des menschlichen Körpers etwas Einmaliges. Es gibt nichts, was ihr gliche. Leichen zu sezieren, sie bis in den letzten Winkel zu erforschen, sie Schicht für Schicht darzustellen, das bedeutet vor allem, die Einmaligkeit des Menschen zu unterstreichen und zu präzisieren, worin er sich von den Tieren unterscheidet. Es bedeutet, auch Gott zu danken. Ist doch, wie Fernel[15] sagt, der menschliche Körper »die erhabenste und vollkommenste aller sublunaren Formen«. Nach Ambroise Paré[16] führt die Anatomie daher direkt »zur Erkenntnis des Schöpfers, so wie die Wirkung zur Erkenntnis ihrer Ursache führt«. Die Objekte der Anatomie, die

Strukturen, die das Skalpell nach und nach dem Blick zugänglich macht, werden also um ihrer selbst willen erforscht. Was an ihnen interessiert, ist ihre Form, die dem menschlichen Körper Zusammenhalt und Leben gibt. Die Anatomie ist daher ebensosehr Sache der Maler und Bildhauer wie der Ärzte. Denn zu jener Zeit weiß man noch nicht, was wir heute wissen: daß Krankheiten unmittelbar mit dem Körper zu tun haben. Die Krankheit steckt nicht in den Organen, hat keine organischen Ursachen. Als eine Unordnung des Körpers zeugt sie von einem Ungleichgewicht in den Kräften, die diesem Körper Leben geben, einem Ungleichgewicht in den Beziehungen zwischen Seele und Körper, einem Ungleichgewicht auch zwischen den verschiedenen geheimen Einflüssen, die, vom gesamten Universum ausgehend, auf den Menschen einwirken und sich in ihm äußern. Was sich in Bauchschmerzen kundtut, ist nicht eine Schädigung im Bauchraum, sondern ein Überschuß an Säften oder der Einfluß eines Sterns oder auch Sühne, Rache oder göttliche Strafe.

Die Anatomie bleibt bis zum Ende der Renaissance eine Wissenschaft für sich, die mit den übrigen Wissensformen in keinem Zusammenhang steht. Erst später, im 17. und 18. Jahrhundert, wird das Wissen von den Lebewesen und ihren Bestandteilen auf deren Zusammenhänge gegründet: mit Harveys Physiologie auf die Zusammenhänge zwischen Struktur und Funktion, mit Morgagnis anatomischer Pathologie auf die Zusammenhänge zwischen Strukturen und Krankheiten, mit der vergleichenden Anatomie auf die Zusammenhänge zwischen Strukturen, die zu verschiedenen Organismen gehören. Erst durch einen solchen Vergleich der Formen und Strukturen, erst mit der Idee, daß sich in deren räumlicher Verteilung eine zeitliche Veränderung ausdrückt, wird eine Evolutionstheorie möglich.

Die Anfänge der Anatomie sind nicht nur deshalb von großem Interesse, weil sie auf eine faszinierende Epoche zurückgehen, sondern auch, weil die moderne Biologie sich in einer recht ähnlichen Situation befindet. Seit etwa dreißig Jahren weiß man, daß die Eigenschaften der Lebewesen auf die Merkmale und Wechselwirkungen der Moleküle zurückzuführen sind, aus denen sie bestehen. Seitdem sind die Biologen auf der Jagd nach Molekülen. Es ist nicht übertrieben, wenn man sagt, daß fast täglich neue Moleküle aus diesem oder jenem Organismus isoliert werden. Ein begabter junger Forscher, der ein neues Phänomen untersuchen möchte, wird sich bemühen, die beteiligten Proteine festzustellen, sie zu reinigen und ihre Aminosäuresequenz zu bestimmen. Wenn er sehr begabt ist, wird es ihm gelingen, ihre Strukturgene herauszubekommen und deren Nukleotidsequenz zu klären. Dieser junge Forscher – und der alte ebenso – wird aber, wie begabt er auch sein mag, Jahrzehnte, wenn nicht Jahrhunderte benötigen, ehe er auch nur im Ansatz zu begreifen vermag, wie dieses Molekül in diesen Organismus hineingekommen ist, um dort das, was seine Funktion zu sein scheint, zu erfüllen.

All das erinnert sehr an eine molekulare Anatomie. Um die Strukturen zu erklären, die das Skalpell offenlegte, mußten die Anatomen des 16. Jahrhunderts sich auf Gottes Willen berufen. Um die Strukturen zu erklären, die ihre Chromatographen ihnen enthüllen, berufen sich die Molekularbiologen des 20. Jahrhunderts auf die natürliche Auslese, also auf eine Mischung von Zufall und Fortpflanzungskonkurrenz. Damit wird die Geschichte zur bedeutendsten Ursache befördert.

In unserem Universum ist die Materie durch fortschreitende Integration in einer Hierarchie von Strukturen geordnet. Belebt oder unbelebt, bilden die Objekte, die wir auf der Erde finden, stets Organisationen oder Systeme. Diese Systeme setzen sich auf jeder Stufe aus einigen der Systeme der nächsttieferen Stufe zusammen, aber nur aus einigen. So setzen sich die Moleküle aus Atomen zusammen, doch bilden die Moleküle, die wir in der Natur vorfinden oder im Laboratorium herstellen, nur einen winzigen Bruchteil aller möglichen Wechselwirkungen zwischen Atomen. Gleichzeitig können die Moleküle gewisse Eigenschaften aufweisen wie etwa Isomerisation oder Razemisierung, die es bei den Atomen nicht gibt. Auf der nächsthöheren

Stufe setzen sich die Zellen aus Molekülen zusammen. Auch hier wieder stellen sämtliche bei den Lebewesen vorkommenden Moleküle nur eine sehr begrenzte Auswahl aus den Objekten der Chemie dar. Die Zellen können sich außerdem teilen, die Moleküle aber nicht. Auf der nächsten Stufe, bei den Tierarten, beläuft sich die Anzahl auf einige Millionen, was jedoch wenig ist im Verhältnis zu der Zahl der Arten, die es geben könnte. Die Zahl der Zellarten, aus denen alle Wirbeltiere sich zusammensetzen – Nervenzellen, Drüsenzellen, Muskelzellen usw. –, beschränkt sich vielleicht auf zweihundert. Die große Vielfalt der Wirbeltiere beruht auf der jeweiligen Gesamtzahl der Zellen sowie auf der Anordnung und dem relativen Anteil dieser Zellarten.

Die Hierarchie, die wir in der Komplexität der Objekte feststellen, besitzt also zwei Merkmale: Einerseits stellen die Objekte, die es auf einer bestimmten Stufe gibt, immer nur eine begrenzte Auswahl aus all den Möglichkeiten dar, die sich kombinatorisch aus den Elementen der nächsteinfacheren Stufe ergeben würden. Andererseits können auf jeder Stufe neue Eigenschaften auftreten, die den Systemen neue Zwänge auferlegen. Dies sind jedoch immer nur zusätzliche Zwänge, weil die Zwänge, die auf einer bestimmten Stufe bestehen, auch auf komplexeren Stufen ihre Gültigkeit behalten. Die Gesetzmäßigkeiten idealer Gase sind für die Objekte der Biologie nicht minder gültig als für die der Physik, nur sind sie für die Probleme, mit denen die Biologen sich befassen, nicht von Belang.

Komplexe Objekte, seien sie belebt oder nicht, gehen aus Evolutionsprozessen hervor, an denen zwei Faktoren beteiligt sind: zum einen die Zwänge, die auf jeder Stufe die Spielregeln festlegen und die Grenzen dessen, was möglich ist, abstecken; zum anderen die Umstände, von denen der tatsächliche Gang der Ereignisse und die Wechselwirkungen zwischen den Systemen abhängen. Das Zusammenwirken von Zwängen und Geschichte finden wir auf jeder Stufe, wenn auch mit jeweils unterschiedlichem Anteil. Die einfachsten Objekte sind den Zwängen stärker ausgesetzt als der Geschichte. Mit wachsender Komplexität nimmt der Einfluß der Geschichte zu. Die Geschichte muß allerdings immer berücksichtigt werden, sogar in der Physik. Schließlich hat auch das Universum samt den Elementen, aus denen es besteht, eine Geschichte. Nach den derzeitigen Theorien setzen sich die schweren Kerne aus leichteren Kernen und letzten Endes aus Wasserstoffkernen und Neutronen zusammen. Die Umwandlung von schwerem Wasserstoff in Helium vollzieht sich durch Kernverschmelzung – die Hauptenergiequelle in der Sonne wie bei der Wasserstoffbombe. Helium und alle schwereren Elemente sind also ein Ergebnis der kosmischen Evolution. Nach heutiger Auffassung sind die schwereren Elemente durch Supernovaexplosionen entstanden. Sie scheinen sehr selten zu sein. Die Erde und die übrigen Planeten des Sonnensystems haben sich demnach aus seltenen Materialien und unter Bedingungen gebildet, die im Kosmos nur selten vorzuherrschen scheinen.

Eine sehr viel größere Bedeutung gewinnt die Geschichte natürlich in der Biologie. Da nur die Zwänge sich in Formeln fassen lassen, nicht aber die Geschichte, hat die Biologie einen anderen wissenschaftlichen Status als die Physik. Bei der Untersuchung jedes beliebigen biologischen Systems auf jeder beliebigen Stufe der Komplexität können wir zwei Arten von Fragen stellen: Wie funktioniert es? Und: Wie ist es entstanden? Mit der ersten Frage, der Erforschung der gegenwärtigen Wechselwirkungen, hat sich vor allem die experimentelle Biologie seit einem Jahrhundert befaßt. Diese Biologie ist stark auf die Erforschung von Mechanismen ausgerichtet, und sie hat in physiologischer, biochemischer und molekularer Hinsicht eine Reihe von Antworten geliefert. Wahrscheinlich ist aber die zweite Frage, die nach der Evolution, die tiefere, weil sie die erste Frage einschließt. Die Antworten können freilich oft nur von mehr oder weniger vernünftigen Annahmen ausgehen. Die moderne Evolutionstheorie hat die Regeln ihres historischen Spiels mit zwei Zwängen begründet, denen die Lebewesen unterliegen: der Reproduktion und der Thermodynamik. Für das Verständnis bestimmter struktureller und funktionaler Aspekte der Lebewesen können jedoch nicht nur die Regeln, sondern in manchen Fällen auch die Einzelheiten des historischen Prozesses von Bedeutung sein. Jeder heute lebende Organismus stellt ja das letzte Glied einer seit etwa drei Milliarden Jahren ununterbrochenen Kette dar. Die Lebewesen sind in der Tat historische Strukturen. Sie sind im buchstäblichen Sinne Schöpfungen der Geschichte.

So wie die vergleichende Anatomie strukturelle und funktionale Zusammenhänge zwischen den Arten zu klären versuchte, bemüht sich die vergleichende molekulare Anatomie, die Wege der Evolution nachzuzeichnen, besonders jene, die nicht durch Fossilien markiert worden sind. Ein Beispiel dafür ist die Analyse des Proteins Cytochrom c, durch die einer der faszinierendsten Aspekte der Entwicklung des Lebens auf der Erde erhellt wurde, nämlich, wie es den Organismen gelungen ist, sich Energie zu beschaffen, sie zu speichern und zu benutzen.[17] Das Cytochrom c fungiert in der Kette des Elektronentransports innerhalb der Photosynthese und der Atmung als eine Elektronenfähre. Die Aminosäuresequenz und in manchen Fällen sogar die dreidimensionale Struktur des Cytochroms c hat man für eine Reihe von Arten bestimmen können. Darunter sind verschiedene Mikroorganismen – aerobe Bakterien, die sowohl Sauerstoff als auch Nitrat zur Oxydation verwenden können, grüne und rote photosynthetische Bakterien sowie Blaualgen –, aber auch höhere Organismen, seien es Tiere, die Mitochondrien besitzen, oder Pflanzen, die sowohl Mitochondrien als auch Chloroplasten aufweisen. Die Ähnlichkeit des Cytochroms c bei vielen dieser Organismen ist frappierend. Unabhängig von ihrer Herkunft und ihrer Stoffwechselfunktion scheinen all diese Cytochrome einer einzigen Familie von Proteinmolekülen anzugehören und einen gemeinsamen Ursprung zu haben.

Eine solche Analyse ergibt zweierlei Informationen. Einerseits kann man, wenn man die Ergebnisse über das Cytochrom c mit denen über andere Proteine verknüpft, einen phylogenetischen Stammbaum skizzieren, der die Beziehungen zwischen Atmung und Photosynthese bei den Bakterien zusammenfaßt. Danach kann man sich die Hauptetappen in der Evolution des Energiestoffwechsels folgendermaßen vorstellen: Übergang von photosynthetischen Bakterien, die Schwefel reduzieren, zu Blaualgen, die den vertrauten Zyklus der Reduktion von Kohlendioxid besitzen; allmähliche Verdrängung starker Reduzenten wie Schwefelwasserstoff durch Wasser; Bildung einer oxydierenden Atmosphäre; Auftreten der Atmung usw.

Andererseits zeigt die Evolution des Cytochroms c, wie die Zwänge und die Geschichte auf der molekularen Ebene zusammenwirken. Bei einem Molekül wie dem Cytochrom c sind die physikalischen und chemischen Zwänge besonders stark, weil für das Häm und die Elektronen die Notwendigkeit besteht, frei durch ein Ende des Moleküls wandern zu können. In einem frühen Stadium der Evolution hat sich gezeigt, daß die grundlegende Struktur beim Elektronentransport wirkungsvoll funktioniert. Seitdem ist sie ohne größere Veränderungen beibehalten worden – von den photosynthetischen Prokaryoten bis hin zu den Zellen von Eukaryoten, Protisten, Pilzen, Pflanzen und Tieren. Bei vielen anderen Proteinen sind die Anforderungen weniger zwingend. Die Geschichte kann daher hinreichend viele Variationen einführen, so daß bei verschiedenen Arten sehr unterschiedliche Strukturen entstehen. Bei dem Cytochrom c ist jedoch für geschichtliche Diversifizierung kaum Platz. Lediglich an bestimmten Stellen sind einige Änderungen in den Aminosäuren erlaubt. Obwohl die verschiedenen Moleküle alle in der gleichen Weise gefaltet sind und die gleiche Tertiärstruktur aufweisen, variiert ihre Länge von 82 bis 134 Aminosäuren. Die Hauptunterschiede bestehen in der Hinzufügung oder Auslöschung von Schleifen an der Oberfläche des Moleküls. Das alles sagt uns kaum etwas über die historischen Vorgänge, die das Molekül im Laufe der Evolution beeinflußt haben. Es sagt uns jedoch etwas darüber, wie die Evolution vorgeht, um neue Molekülarten zu schaffen.

Man hat das Wirken der natürlichen Auslese oft mit dem eines Ingenieurs verglichen. Das scheint indessen kein sehr passender Vergleich zu sein. Erstens arbeitet der Ingenieur im Gegensatz zur Evolution nach einem vorgefaßten Plan. Zweitens greift der Ingenieur, wenn er eine neue Struktur herstellt, nicht unbedingt auf ältere Objekte zurück. Die elektrische Glühbirne leitet sich ebensowenig von der Kerze ab wie das Düsentriebwerk vom Verbrennungsmotor. Dem Ingenieur, der etwas Neues produzieren will, stehen sowohl Materialien, die speziell für diese Aufgabe bestimmt sind, als auch Maschinen zur Verfügung, die ausschließlich für diesen Zweck geschaffen wurden. Schließlich ist der Vergleich auch deshalb unpassend, weil die Objekte, die der Ingenieur – zumindest der gute Ingenieur – produziert hat, die von dem jeweiligen Stand der Technik ermöglichte Vollkommenheit erreichen. Die Evolution bleibt dagegen weit von Vollkommenheit entfernt, worauf Darwin ständig hingewiesen hat, der sich mit dem Argument der vollkommenen Schöpfung auseinanderzusetzen hatte. Immer wieder weist Darwin in der *Entstehung der Arten* auf die strukturellen und funktionalen Unvollkommenheiten der belebten Welt hin. Dauernd macht er auf die Absonderlichkeiten, auf die seltsamen Lösungen aufmerksam, zu denen ein vernünftiger Gott niemals gegriffen hätte. Eines der besten Argumente gegen die Vollkommenheit liefern die ausgestorbenen Arten. Die Zahl der gegenwärtig lebenden Tierarten kann man auf einige Millionen schätzen. Dagegen soll sich die Zahl der Arten, die irgendwann einmal die Erde bevölkert haben und dann verschwunden sind, nach einer Berechnung von G. G. Simpson[18] auf mindestens fünfhundert Millionen belaufen. (Das bedeutet, daß rund 99 % aller Arten, die jemals auf der Erde gelebt haben, irgendwann untergegangen sind. – Diese sinnvolle Ergänzung des Arguments stammt aus der englischen Fassung. d. Ü.)

Die Evolution schafft ihre Neuheiten, anders als der Ingenieur, nicht aus dem Nichts. Sie arbeitet mit dem, was bereits vorhanden ist, sei es, daß sie ein älteres System abändert und ihm eine neue Funktion zuweist, sei es, daß sie mehrere Systeme zu einem komplexeren zusammenfaßt. Für den Prozeß der natürlichen Auslese findet sich im menschlichen Verhalten keinerlei Entsprechung. Wenn man jedoch einen Vergleich benutzen möchte, so müßte man sagen, daß die natürliche Auslese nicht wie ein Ingenieur, sondern wie ein Bastler arbeitet; wie ein Bastler, der noch nicht weiß, was er herstellen wird, der aber alles sammelt, was ihm unter die Hände kommt, ganz bunt zusammengewürfelte Dinge wie Bindfadenenden, Holzstücke, alte Kartons, die ihm eventuell als Material dienen können; kurz, wie ein Bastler, der das, was er um sich herum findet, benutzt, um daraus einen brauchbaren Gegenstand zu machen. Der Ingenieur geht erst ans Werk, wenn die Rohstoffe und Werkzeuge, die exakt seinem Plan entsprechen, vorhanden sind. Dagegen weiß sich der Bastler mit irgendwelchen Abfällen zu helfen. Die Gegenstände, die er herstellt, sind in den meisten Fällen nicht Bestandteil eines Gesamtplans. Sie sind das Resultat einer Reihe von zufälligen Ereignissen, das Ergebnis all jener Gelegenheiten, bei denen der Bastler seinen Vorrat an Gerümpel erweitern konnte. Claude Lévi-Strauss[19] hat darauf hingewiesen, daß die Werkzeuge des Bastlers, anders als die des Ingenieurs, nicht durch ein bestimmtes Programm definiert werden können. Die Materialien, die ihm zur Verfügung stehen, haben keine genaue Zweckbestimmung. Alle können vielfältig genutzt werden. Das einzige, was diese Gegenstände miteinander gemein haben, ist, daß man von ihnen sagen kann: »Das kann immer zu etwas gut sein.« Wozu? Das hängt von den Umständen ab.

Der Prozeß der Evolution ähnelt in mancherlei Hinsicht dieser Vorgehensweise. Oft nimmt der Bastler, ohne länger nachgedacht zu haben, irgendeinen Gegenstand aus seinem Gerümpel und gibt ihm eine unerwartete Funktion. Aus einem alten Autorad macht er einen Ventilator, aus einem zerbrochenen Tisch einen Regenschirm. Diese Vorgehensweise unterscheidet sich kaum von dem, was die Evolution vollbringt, wenn sie aus einem Bein einen Flügel macht oder aus einem Fragment des Kiefers einen Teil des Ohrs. Dies hatte Darwin bereits in seinem Buch über die Befruchtung der Orchideen[20] bemerkt, worauf Michael Ghiselin[21] hinweist. Nach Darwin werden neue Strukturen aus vorhandenen Organen entwickelt, die ursprünglich eine bestimmte Aufgabe zu erfüllen hatten, sich aber nach und nach anderen Funktionen angepaßt haben. Bei den Orchideen gab es beispielsweise eine Art Klebstoff, der ursprünglich den Blütenstaub auf der Narbe festhielt. Nach einer geringfügigen Änderung war es möglich, mit diesem Klebstoff den Blütenstaub am Körper der Insekten zu befestigen, die daraufhin für die wechselseitige Befruchtung sorgen konnten. Desgleichen lassen sich viele Strukturen, die keinerlei Sinn oder Funktion zu haben scheinen und, wie Darwin sagte, wie »Teile einer nutzlosen Anatomie« wirken, leicht als Überreste einer früheren Funktion erklären. Darwin folgert daraus: »Würde ein Mann zu einem bestimmten Zweck eine Maschine bauen, dafür aber unter geringfügiger Abwandlung alte Räder, alte Rollen und alte Springfedern verwenden, so könnte man von dieser Maschine mit all ihren Teilen sagen, daß sie auf diesen Zweck hin organisiert sei. Ebenso ist in der Natur davon auszugehen, daß die verschiedenen Teile eines jeden Lebewesens mit geringfügigen Abwandlungen verschiedenen Zwecken gedient haben und innerhalb der lebendigen Maschinerie vieler alter und distinkter spezifischer Formen funktioniert haben.«

Die Evolution geht vor wie ein Bastler, der während Millionen und Abermillionen Jahren nach und nach sein Werk überarbeitet, ständig etwas daran ändert, hier etwas fortnimmt, dort etwas hinzufügt und jede Gelegenheit nutzt, um etwas zu verbessern, umzuändern und zu erschaffen. Ein Beispiel liefert die Entstehung der Lunge bei den Landwirbeltieren nach Ernst Mayr.[22] Die Entwicklung der Lunge begann bei bestimmten Süßwasserfischen, die in sumpfigen und daher sauerstoffarmen Lachen lebten. Diese Fische entwickelten die Gewohnheit, Luft zu schlucken und Sauerstoff durch die Speiseröhrenwand zu absorbieren. Unter diesen Bedingungen kam jede Erweiterung dieser Wand einem Selektionsvorteil gleich. So bildeten sich Nebensäcke der Speiseröhre, die sich unter ständigem Selektionsdruck nach und nach vergrößerten und in Lungen verwandelten. Die weitere Entwicklung der Lunge war lediglich eine Ausarbeitung dieses Themas: Die für die Sauerstoffaufnahme und die Vaskularisation genutzte Fläche wurde vergrößert. Wenn aus einem Teil der Speiseröhre eine Lunge wird, dann ist das etwas ganz Ähnliches, wie wenn aus Omas Gardine ein Rock wird.

Wenn verschiedene Ingenieure ein Problem angehen, ist es sehr wahrscheinlich, daß sie zu ein und derselben Lösung gelangen: Alle Autos ähneln einander und ebenso alle Fotoapparate und alle Füllfederhalter. Wenn dagegen verschiedene Bastler sich für ein und dieselbe Frage interessieren, werden sie, je nach den Gelegenheiten, die sich ihnen bieten, unterschiedliche Lösungen finden. Nicht anders verhält es sich bei den Produkten der Evolution, wie das Beispiel der Augen zeigt, für die man innerhalb der belebten Natur sehr unterschiedliche Lösungen antrifft. Offensichtlich verleiht der Besitz von Photorezeptoren unter verschiedenen Umständen einen großen Vorteil. Im Laufe der Evolution sind ganz unterschiedliche Augentypen entstanden, die auf mindestens drei verschiedenen physikalischen Prinzipien beruhen: der Linse, dem Sehloch und den vielfachen Röhren. Am raffiniertesten sind die Augen mit einer abbildenden Linse, wie wir sie besitzen; sie liefern Informationen nicht nur über die Intensität des Lichts, sondern auch über die Gegenstände, von denen das Licht kommt, über ihre Form, Farbe, Position, Bewegung, Geschwindigkeit, Entfernung usw. Derart raffinierte Strukturen sind notwendigerweise sehr komplex. Sie können sich also nur bei Organismen entwickeln, die ihrerseits schon komplex sind. Man könnte daher annehmen, daß eine solche Struktur nur auf eine einzige Weise entstanden sei. Das ist aber nicht der Fall. Das Linsenauge ist mindestens zweimal entstanden, bei den Weichtieren und bei den Wirbeltieren. Nichts ähnelt so sehr unserem Auge wie das Auge des Tintenfisches. In beiden Fällen ist die Funktionsweise fast genau die gleiche. Dennoch ist die Evolution in beiden Fällen unterschiedlich verlaufen. Bei den Weichtieren sind die Photorezeptorzellen dem Licht zugewandt, bei den Wirbeltieren vom Licht weggewandt. Unter allen Lösungen, die für das Problem der Photorezeptoren gefunden wurden, sind diese beiden einander ähnlich, aber nicht identisch. In jedem Fall hat die natürliche Auslese mit dem, was ihr zur Verfügung stand, getan, was sie konnte.

Schließlich wird der Bastler, der sein Werk verbessern möchte, es im Gegensatz zum Ingenieur häufig vorziehen, den alten Strukturen neue hinzuzufügen, statt die alten zu ersetzen. In der Evolution ist es oft nicht anders, wie die Entwicklung des Gehirns bei den Säugetieren zeigt. Diese Entwicklung war nämlich nicht ein gleichermaßen integrierter Prozeß wie etwa die Umwandlung eines Beins in einen Flügel. Zu dem alten Riechhirn der niederen Säugetiere trat der Neocortex hinzu, der in der Entwicklungsreihe, die zum Menschen führt, rasch, vielleicht allzu rasch, die Hauptrolle übernahm. Manche Neurobiologen, darunter vor allem McLean[23], sind der Ansicht, daß diesen beiden Strukturtypen zwei Funktionstypen entsprechen; sie sind jedoch weder koordiniert noch vollständig hierarchisiert worden. Die jüngere Struktur, der Neocortex, steuert die intellektuelle und kognitive Aktivität. Die ältere, die vom Riechhirn abstammt, steuert die Tätigkeit der Eingeweide und die Emotionen. Diese alte Struktur, die bei den niederen Säugetieren noch das Regiment führte, ist beim Menschen gewissermaßen in den emotionalen Bereich abgedrängt worden und stellt jetzt, wie McLean sagt, das »Bauchhirn« dar. Vielleicht ist die Tatsache, daß der Mensch sich äußerst langsam entwickelt und erst spät reif wird, dafür verantwortlich, daß die alten Hirnstrukturen enge Beziehungen zu den unteren autonomen Zentren bewahrt haben, daß sie weiterhin so fundamentale Aktivitäten wie die Nahrungssuche, das Jagen nach einem Sexualpartner und die Reaktion gegenüber einem Feind koordinieren. Wenn ein dominierender Neocortex ausgebildet und gleichzeitig ein altertümliches Nerven- und Hormonsystem beibehalten wird, das teils autonom bleibt und teils unter die Vormundschaft des Neocortex gestellt wird, so erinnert dieser ganze Evolutionsverlauf sehr an Bastelei. Das ist ungefähr so, als würde man auf einem alten Pferdewagen ein Düsentriebwerk installieren. Kein Wunder, wenn es da zu Unfällen kommt.

Am deutlichsten wird die Bastelei der Evolution wohl auf der molekularen Ebene. Kennzeichnend für die belebte Welt ist sowohl ihre augenscheinliche Mannigfaltigkeit als auch eine zugrundeliegende Einheit. Diese Welt umfaßt Bakterien und Wale, Viren und Elefanten, Organismen, die in den Polargebieten bei − 20° C, als auch andere, die in heißen Quellen bei 70° C leben. All diese Organismen weisen jedoch unter dem Gesichtspunkt der Struktur und der Funktion eine bemerkenswerte Einheit auf. Stets spielen ein und dieselben Polymere, Nukleinsäuren und Proteine, aus ein und denselben Grundelementen zusammengesetzt, ein und dieselbe Rolle. Der genetische Code ist derselbe, und die Übersetzungsmaschine weist kaum Abweichungen auf. In verwandten Reaktionsabläufen treten ein und dieselben Coenzyme auf. Zahlreiche Reaktionen stimmen vom Bakterium bis zum Menschen hin im wesentlichen überein. Ganz gewiß muß es schon zahlreiche Molekülarten gegeben haben, ehe das Leben entstehen konnte. Alle Bausteine, aus denen die Lebewesen sich zusammensetzen, müssen sich während der chemischen Evolution, die der Entstehung des Lebens voraufging, und in den Anfängen der biologischen Evolution gebildet haben. Nachdem aber das Leben einmal begonnen hatte und es einen primitiven Organismus gab, der sich zu reproduzieren vermochte, muß die weitere Evolution in der Weise erfolgt sein, daß bereits vorhandene Bausteine umgearbeitet wurden. Mit der Entstehung neuer Proteine haben sich neue Funktionen entwickeln können. Diese Proteine konnten jedoch nur Variationen über schon bekannte Themen sein. Die Struktur eines Proteins mittlerer Größe wird durch eine Sequenz von tausend Nukleotiden festgelegt. Die Wahrscheinlichkeit dafür, daß durch eine zufällige Verbindung von Aminosäuren ein funktionstüchtiges Protein neu entsteht, ist praktisch gleich Null. Die Schaffung völlig neuer Nukleotid-sequenzen kann bei so komplexen und integrierten Organismen, wie sie schon vor sehr langer Zeit gelebt haben, in der Erzeugung neuer Informationen keine erhebliche Rolle gespielt haben. Während des größten Teils der biologischen Evolution kann die Schaffung neuer molekularer Strukturen nur auf der Umarbeitung schon vorhandener Strukturen beruht haben. Das kann beispielsweise durch Duplikation der Gene geschehen sein. Wenn ein Gen in einer Zelle oder einem Gameten in mehreren Exemplaren existiert, ist es von den Zwängen der natürlichen Auslese entlastet. Dadurch können sich mehr oder weniger ungehindert Mutationen anhäufen und eine neue Struktur entstehen lassen. Dieser Vorgang scheint im Laufe der Evolution häufig gewesen zu sein, was sich daran zeigt, daß es Familien von Proteinen gibt, die einander sehr ähnlich sind und von Genen determiniert werden, die von einem gemeinsamen Vorfahren abstammen, etwa die Familie der Globine oder die der Antigene aus dem großen Komplex der Histokompatibilität.

Die biologische Evolution beruht also auf einer Art von molekularer Bastelei, auf der ständigen Wiederverwendung von Altem, aus dem etwas Neues gemacht wird. Nicht nur bei verschiedenen, ja sogar bei phylogenetisch einander fernstehenden Organismen, sondern auch bei ein und demselben Organismus kommen homologe DNS-Sequenzen vor. Auch bei den Proteinen zeigen sich, wenn ihre Struktur aufgeklärt wird, Analogien. Nicht nur, daß Proteine, die bei verschiedenen Organismen ähnliche Funktionen erfüllen, häufig ähnliche Sequenzen aufweisen – auch Proteine, die unterschiedliche Funktionen wahrnehmen, haben öfter größere Sequenzabschnitte gemeinsam. Man könnte meinen, daß die Strukturgene, die für die Sequenz der Aminosäuren in den Proteinen verantwortlich sind, während der Evolution durch Kombination und Permutation kleinerer DNS-Bruchstücke entstanden sind.

Ein Beispiel für eine solche Neuzusammensetzung von Nukleotidsequenzen, der man wahrscheinlich die Entstehung neuer

Proteine zu verdanken hat, liefert ein bestimmter Aspekt der embryonalen Entwicklung der Säugetiere: die Erzeugung von Antikörpern. Ein Säugetier kann, wie bereits erwähnt wurde, einige Dutzend bis Hunderte von Millionen verschiedener Antikörper erzeugen. Diese Zahl liegt weit über derjenigen der im Genom eines Säugetiers enthaltenen Strukturgene. Tatsächlich werden nur wenige Gensegmente in Anspruch genommen. Die während der embryonalen Entwicklung erzeugte Mannigfaltigkeit beruht auf der kumulativen Wirkung mehrerer, auf drei Ebenen arbeitender Mechanismen. Erstens auf der Ebene der *Zelle*: Da jede der Zellen, die Antikörper bilden, nur einen bestimmten Typ erzeugt, sind sämtliche Antikörper, die ein Organismus erzeugen kann, das Ergebnis all dieser Zellen. Zweitens auf der Ebene des *Proteins*: Ein Antikörper besteht aus zwei Proteinketten, einer schweren und einer leichten, die jeweils aus einem Bestand von einigen Tausend entnommen werden; durch kombinatorische Verknüpfung entsteht eine Vielfalt von einigen Millionen Antikörpern. Drittens auf der Ebene des *Gens*: Jedes Gen, das für die Struktur einer dieser schweren oder leichten Ketten verantwortlich ist, entsteht während der embryonalen Entwicklung durch die Verbindung mehrerer DNS-Bruchstücke, die jeweils aus einem Bestand von ähnlichen, aber nicht identischen Sequenzen entnommen werden. Dank dieses kombinatorischen Systems kann eine begrenzte Menge von genetischen Informationen in der Keimbahn in den Körperzellen eine ungeheure Zahl von Proteinstrukturen erzeugen, die sich jeweils an ein anderes Molekül heften können. Dieses Beispiel verdeutlicht, wie die Natur Vielfalt erzeugt: durch endlose Kombination immer wieder derselben Teile und Bruchstücke.

Wenn die Schaffung neuer Gene im Laufe der Evolution auch nicht die gleiche Genauigkeit und Wirksamkeit aufweisen kann wie die Bildung von Antikörpern während der embryonalen Entwicklung, so könnten dennoch in beiden Fällen die gleichen Prinzipien beteiligt sein. Wahrscheinlich sind neue Gene durch die zufällige Verknüpfung von bereits vorhandenen DNS-

Sequenzen entstanden. Man muß sogar annehmen, daß ein Mechanismus, der verschiedene DNS-Abschnitte miteinander verbinden kann, sehr früh in der Evolution aufgetreten ist, denn die primitiven Organismen konnten anfangs keine großen Proteine bilden. Sehr wahrscheinlich hat alles mit kleinen Sequenzen von dreißig bis fünfzig Nukleotiden angefangen, die durch chemische Evolution entstanden waren und jeweils zehn bis fünfzehn Aminosäuren kodieren konnten. Erst später sind solche Sequenzen zufällig durch einen Bindevorgang zu längeren Proteinketten zusammengefügt worden, von denen einige sich dann als brauchbar erwiesen haben und selektiert worden sind. Wenn das stimmt, müßte man in Genen, die scheinbar nicht miteinander verwandt sind, in steigendem Maße gemeinsame DNS-Sequenzen finden. Mit fortschreitender Aufhellung der Nukleotid- und Proteinsequenzen müßten immer mehr Familien und Unterfamilien zu erkennen sein. Noch einmal: Die molekulare Evolution hätte kaum anders verfahren können als in der Weise, daß sie aus Altem Neues macht, daß sie DNS-Bruchstücke miteinander verknüpft, mit einem Wort, daß sie bastelt.

Lange hat man die Chromosomen als vollkommene und gleichsam unantastbare Strukturen betrachtet, die genau die Menge an genetischer Information enthalten, die für die Produktion und das Funktionieren des Organismus erforderlich ist. Diese Auffassung hat sich jedoch seit einigen Jahren durch neue Ergebnisse völlig geändert. Außer den spezifischen Sequenzen, welche die Struktur der Proteine bestimmen, enthält die DNS von eukaryotischen Organismen einen erheblichen, zuweilen über vierzig Prozent des Genoms betragenden Anteil an unspezifischer DNS, die aus kurzen Sequenzen besteht, welche sich mehr oder weniger wiederholen. Sogar diese Strukturgene sind häufig unterbrochen durch eingeschobene Sequenzen in unterschiedlicher Anzahl, die in RNS transkribiert, aber vor der Übersetzung in Protein herausgetrennt werden. Darüber hinaus enthält das Genom eine Klasse von genetischen Einheiten, die als »transponierbare Elemente« in das Genom eingefügt und herausgenommen werden können. Das kann an einer Vielzahl von Stellen in der DNS des Trägers geschehen, und dadurch können Mutationen, Inversionen, Translokationen usw. ausgelöst werden. Für einen Großteil dieser unspezifischen Sequenzen hat man noch keine Funktion gefunden, und ihr Status bleibt umstritten. Manche haben, weil es ihnen schwerfällt, funktionslose Strukturen namentlich in der DNS anzunehmen, eine ganze Reihe verschiedener Funktionen vorgeschlagen, die insbesondere mit der Evolution und mit der Regelung der Genaktivität zusammenhängen. Bisher wird aber keine dieser Möglichkeiten durch Versuchsergebnisse gestützt. Andere haben in diesen Sequenzen eine parasitäre DNS gesehen, die in der Ökonomie des Organismus keine Rolle spielt. Daß man keine Funktion kennt, heißt jedoch nicht, daß sie keine Funktion haben. Man müßte wissen, auf welcher Ebene man nach einer Erklärung zu suchen hätte und ob sie notwendig ist. Im übrigen kann ein DNS-Bruchstück, das sich ausbreitet, ohne zunächst den Phänotyp des Trägers zu beeinflussen, sehr wohl sekundäre Wirkungen auf diesen Träger ausüben. Es kann beispielsweise der Nachkommenschaft des Trägers einen Selektionsvorteil verschaffen. Die Stückelung der Strukturgene in kleinere DNS-Abschnitte, die durch dazwischengeschobene Sequenzen voneinander getrennt sind, und das Vorhandensein zahlreicher Exemplare von transponierbaren Elementen, die innerhalb des Genoms DNS-Abschnitte von einer Stelle zur anderen schaffen können, erlauben es nämlich, Genbruchstücke zu verschieben – und damit eine unendliche Zahl von Neukombinationen. Der größte Teil der neuen Kombinationen wird sicherlich nur Ausschuß sein, doch kann aus der einen oder anderen gelegentlich eine Proteinstruktur hervorgehen, die innerhalb der Zelle eine wenn auch wenig wirksame neue Funktion zu erfüllen vermag. Durch weitere Mutationen kann dann diese Struktur verfeinert werden. Gewiß arbeitet die Evolution nicht vorausschauend, und es ist daher nicht möglich, daß ein genetisches Element selektiert wird, weil es eines Tages von Nutzen sein könnte. Ist eine solche Struktur aber erst einmal da, dann kann sie – unabhängig von dem Grund oder dem fehlenden Grund ihres Daseins – sich als »nützlich« erweisen, und sie wird dann zur Zielscheibe eines Selektionsdrucks auf ihren Träger.

Bei der Entstehung der Vielfalt unter den Lebewesen scheint demnach die biochemische Innovation keine überragende Rolle gespielt zu haben. Wirklich schöpferisch kann die biochemische Entwicklung nur in einer sehr frühen Phase gewesen sein, denn die biochemische Einheit alles Lebendigen ist nur verständlich, wenn die allen Lebewesen gemeinsamen Bausteine – Systeme der Replikation und der Übersetzung, Enzymketten, die an der Synthese und dem Abbau der wesentlichen Stoffwechselprodukte beteiligt sind, Systeme zur Gewinnung und Speicherung von Energie usw. – schon in sehr primitiven Organismen gegeben waren. Nach diesem Stadium ist die biochemische Evolution in dem Maße weitergegangen, wie komplexere Organismen entstanden. Aller Wahrscheinlichkeit nach haben aber nicht biochemische Neuerungen die Diversifikation der Organismen ausgelöst, sondern es verlief genau umgekehrt. Der Selektionsdruck, der von Änderungen des Verhaltens oder der ökologischen Nische ausging, hat biochemische Anpassungsprozesse und Änderungen in den Molekülen nach sich gezogen. Was einen Schmetterling von einem Löwen, ein Huhn von einer Fliege oder einen Wurm von einem Wal unterscheidet, sind nicht so sehr Unterschiede in den chemischen Bausteinen als vielmehr Unterschiede in der Organisation und der Verteilung dieser Bausteine. Sicherlich war für die wenigen großen Schritte in der Evolution ein Erwerb zusätzlicher Informationen erforderlich. Für die Spezialisierung und Diversifikation bedurfte es jedoch nur einer unterschiedlichen Nutzung ein und derselben Strukturinformation. Bei der Untersuchung der Evolutionsgeschwindigkeit von Fröschen und Säugetieren hat man beispielsweise festgestellt, daß Änderungen in der Sequenz der Strukturgene weitgehend unabhängig von anatomischen Änderungen erfolgen; Verwandtschaftsgruppen, etwa die der Wirbeltiere, besitzen ein und dieselbe chemische Grundlage. Bei der Untersuchung der Chromosomen und der Lebensfähigkeit von Hybriden kann man dagegen feststellen, daß Änderungen in der Regulation der Genaktivität sich parallel zu anatomischen Änderungen zu entwickeln scheinen. Die Unterschiede zwischen den Wirbeltieren sind, wie Allan Wilson[24] betont hat, eher eine Frage der Regelung als der Struktur.

Schon zu Beginn des 19. Jahrhunderts hatte von Baer bemerkt, daß die ersten Entwicklungsstufen des Embryos bei verwandten Organismen wie den Wirbeltieren weitgehend übereinstimmen. Erst im späteren Verlauf dieser Entwicklung treten die Unterschiede hervor. Sie beziehen sich weniger auf die Struktur der Zelltypen als vielmehr auf Zahl und Anordnung der Zellen. Die Unterschiede zwischen dem Flügel eines Huhns und einem menschlichen Arm beruhen nicht so sehr auf den Materialien, aus denen beide bestehen, als vielmehr auf der Art ihres Aufbaus, der Verteilung der Moleküle und Zellen. Schon geringfügige zeitliche und räumliche Umverteilungen in ein und derselben Struktur führen zu grundlegend verschiedenen Formen, Funktionen und Verhaltensweisen des Endprodukts: des ausgewachsenen Tieres. In allen Fällen handelt es sich darum, daß ein und dieselben Elemente verwendet, hier und da abgeändert und angepaßt, zu unterschiedlichen Kombinationen geordnet werden, so daß neue Objekte von wachsender Komplexität entstehen. In allen Fällen handelt es sich um Bastelei.

Das wird deutlich in einem Vergleich der Makromoleküle des Menschen und des Schimpansen. Mit den sehr geringen Unterschieden in den Strukturgenen können die großen anatomischen Unterschiede zwischen diesen beiden Arten nicht erklärt werden. Eine Proteinkette des Menschen ist im Durchschnitt zu mehr als 99 Prozent identisch mit dem entsprechenden Gegenstück beim Schimpansen. Unterschiede in der DNS-Sequenz beruhen weitgehend auf Redundanzen im genetischen Code oder auf Variationen in nicht-transkribierten DNS-Teilen. Bei etwa fünfzig Strukturgenen ist die mittlere genetische Distanz zwischen Mensch und Schimpanse sehr gering; sie ist kleiner als die mittlere Distanz zwischen verwandten Arten, die sich anatomisch kaum unterscheiden, und weit geringer als die Distanz zwischen zwei beliebigen Arten ein und derselben Artengruppe. Allan Wilson hat gezeigt, daß die Organisationsunterschiede zwischen Menschen und Großaffen lediglich auf Änderungen bei einigen Regelungsgenen beruhen können.

Zu einer ähnlichen Schlußfolgerung sind auch schon die Anatomen und Paläontologen gelangt, welche die Bedeutung der »Entwicklungshemmung« als Evolutionsfaktor unterstrichen haben. Einige der eindrucksvollsten Evolutionsvorgänge hängen nämlich mit Veränderungen zusammen, durch die die Geschlechtsreife in ein früheres Entwicklungsstadium vorverlegt wird. Dadurch werden frühere Merkmale des Embryos zu Merkmalen des Erwachsenen, während frühere Erwachsenenmerkmale verschwinden. Dieser Vorgang stellt einen der großen Kunstgriffe der Evolution dar. Es ist, als könnten sich gewisse Tiere sozusagen des letzten Teils ihres Lebens entledigen und einen neuen Lebenszyklus aufbauen, der auf den Formen der Larve oder des Embryos beruht. Sehr wahrscheinlich sind durch einen solchen Mechanismus aus einem marinen Wirbellosen die Wirbeltiere hervorgegangen. Eine bedeutende Rolle scheint dieser Vorgang auch in der Entwicklung gespielt zu haben, die zum Menschen hinführt. Die Entwicklung des menschlichen Embryos läuft verzögert ab, so daß beim Erwachsenen verschiedene Jugendmerkmale der übrigen Primaten und der Vorläufer des Menschen erhalten bleiben. Auffallend ist, daß die Menschen sehr viel mehr Ähnlichkeit mit einem Schimpansenjungen haben als mit einem erwachsenen Schimpansen. Natürlich stammt der Mensch nicht von den Menschenaffen ab. Seit sich die Abstammungslinien, die zum Menschen beziehungsweise zu den Menschenaffen führen, getrennt haben, hat jede Linie durch Anpassung an unterschiedliche Lebensweisen ihre eigene Evolution durchgemacht. Der gemeinsame Vorfahr ähnelte allerdings mehr den Affen als dem Menschen. Wahrscheinlich hat die Tatsache, daß die embryonale Ausdrucksweise der Gene während der Kindheit beibehalten wird, die Evolution von so typisch menschlichen Merkmalen wie dem verkürzten Kiefer, den kleinen Eckzähnen, der nackten Haut und der aufrechten Haltung ermöglicht. Im übrigen scheint dieses Verzögerungsschema, diese Verlängerung der Kindheit eng mit weiteren Merkmalen der Menschwerdung zusammenzuhängen, vor allem mit der Vergrößerung des Gehirns aufgrund des verlängerten fötalen Wachstums und mit der Sozialisation aufgrund der Stärkung der familiären Bande, die eine Folge der während langer Zeit notwendigen elterlichen Fürsorge ist. Stephen Gould[25] hat kürzlich darauf hingewiesen, daß die Entwicklung der spezifisch menschlichen Merkmale anders als im Kontext einer verzögerten Entwicklung kaum zu verstehen wäre. Diversifikation und Spezialisierung der Säugetiere sind also nicht so sehr eine Folge von neu aufgetretenen Bausteinen, sondern sie sind auf eine andersartige Verwendung ein und derselben Bausteine zurückzuführen. Schon geringe Änderungen in den Regelkreisen, welche die Entwicklung des Embryos koordinieren, können das Wachstumstempo verschiedener Gewebe oder den Zeitpunkt der Synthese bestimmter Proteine beeinflussen, indem sie hier etwas beschleunigen und dort etwas verzögern.

Die Evolution wird durch die Phylogenese, das heißt durch Unterschiede zwischen erwachsenen Organismen, beschrieben. Die Unterschiede zwischen erwachsenen Organismen sind aber immer nur Ausdruck von Unterschieden im Entwicklungsprozeß, der diese Organismen hervorbringt. Die natürliche Auslese wirkt vor allem durch ein System von Zwängen während der individuellen Entwicklung; dadurch filtert sie aus den möglichen Genotypen jene Phänotypen heraus, die verwirklicht werden. Den Evolutionsprozeß kann man erst richtig verstehen, wenn man die embryonale Entwicklung verstanden hat. Erst dann kann man die Veränderungen beurteilen, die mit dem Organisationsplan und der Funktionsweise eines Organismus vereinbar sind, und erst dann kann man die Regeln und die Zwänge des

Evolutionsspiels definieren. Leider weiß man bis heute sehr wenig über die embryonale Entwicklung.

Die Biologen können sehr genau den Aufbau etwa einer Maus beschreiben. Sie können sagen, wie die Maus sich fortbewegt, wie sie atmet, wie sie verdaut. Sie wissen jedoch absolut nicht, wie sie sich aus der Eizelle bildet. Der Mensch besteht aus einigen zehn bis hundert Billionen Zellen, die Maus aus rund hundert Milliarden. Alle Zellen eines Individuums sind direkte Nachkommen einer und derselben Zelle – des befruchteten Eis. Gleichwohl besitzen sie verschiedene Eigenschaften und erfüllen verschiedene Funktionen. Man sagt oft, die Chromosomen des befruchteten Eis enthielten, verschlüsselt in der linearen Sequenz der DNS, eine Beschreibung des künftigen Erwachsenen. Heute glaubt man, daß in den Chromosomen der Bauplan für diesen Erwachsenen verschlüsselt ist, d. h. die Instruktionen, die nötig sind, um seine molekularen Strukturen nach einem räumlich und zeitlich exakten Programm herzustellen. Allerdings weiß man noch überhaupt nichts von der inneren Logik, der die Umsetzung dieses Programms gehorcht. Vielfach nimmt man an, ein Laplacescher Dämon könne nach einer Untersuchung des befruchteten Eis, seiner molekularen Strukturen und seiner Organisation den künftigen Erwachsenen beschreiben. Dabei weiß man überhaupt nicht, welche Art von Molekülen der Dämon außer der DNS untersuchen und was für einen Algorithmus er benutzen müßte.

Die einzige Logik, welche die Biologen beherrschen, ist nämlich eindimensional. Sobald eine zweite Dimension hinzukommt, von einer dritten ganz zu schweigen, finden sie sich nicht mehr zurecht. Die rasche Entfaltung der Molekularbiologie verdankt sich der Tatsache, daß die biologische Information zufällig in linearen Sequenzen von Untereinheiten – Basen in den Nukleinsäuren, Aminosäuren in den Proteinen – festgelegt ist. Die genetische Botschaft, die Beziehung zwischen primären Strukturen, der Code, die Stoffwechselketten, die Regelkreise, kurz, die gesamte Logik der Vererbung funktionierte daher eindimensional. Kein Wunder, wenn die Molekularbiologen diese Arbeit nicht aufgeben und lieber weiterhin mit der Sequenzanalyse von Proteinen und DNS eine eindimensionale Welt erforschen möchten.

Die Entwicklung des Embryos vollzieht sich jedoch nicht mehr in einer nur linearen Welt. Die eindimensionale Struktur der Gene determiniert die Produktion von zweidimensionalen Zellschichten. Diese falten sich in einer präzisen Weise und bilden so dreidimensionale Gewebe und Organe; diese wiederum geben dem Organismus seine Gestalt, seine Eigenschaften und, wie Seymour Benzer sagt, sein vierdimensionales Verhalten.[26] Wie sich das alles vollzieht, ist noch immer ein Geheimnis. Bis in die Einzelheiten kennen die Biologen die molekulare Anatomie einer menschlichen Hand. Hingegen wissen sie nichts darüber, wie der Organismus sich die Instruktionen erteilt, um diese Hand zu bilden, welche Sprache er spricht, um einen Finger zu entwerfen, welches Verfahren er benutzt, um einen Nagel zu formen, wie viele Gene daran beteiligt sind und wie die Wechselwirkungen zwischen diesen Genen aussehen. Man kann die Entwicklung und die zelluläre Differenzierung als Wirkungen einer Reihe von binären Entscheidungen auffassen, wobei jede Entscheidung die Möglichkeiten festlegt, die der nächsten Entscheidung offenstehen. An jeder Gabelung würde somit ein ganzer Komplex von Möglichkeiten ausgeschaltet. Überwiegend nimmt man an, daß an einem solchen Prozeß eine selektive Regelung der Genaktivität beteiligt ist. Wir kennen aber noch nicht einmal in den Grundzügen jene Regelkreise, von denen die Zahl der Zellen, ihre Verteilung und ihre Bewegungen, das Tempo und die Richtung ihres Wachstums bestimmt werden. Wir kennen nicht die Werkzeuge, welche die Entwicklung des Embryos für die Bastelei der Evolution zur Verfügung stellt.

Allerdings haben wir gelernt, einige der natürlichen Vorgänge zu imitieren und vor allem mit der DNS im Laboratorium zu basteln. Wir haben gelernt, an jeder beliebigen Stelle diese DNS zu zertrennen, Knoten in sie zu machen, Teile hinzuzufügen oder fortzunehmen. Wir können bestimmte Strukturgene isolieren, massenhaft produzieren und ihre Anatomie bis ins letzte Detail analysieren. Diese ganze Arbeit über die Rekombination der DNS ist in einem gewissen Sinne ein Triumph unserer eindimensionalen Biologie. Sie hat ein neues Werkzeug geschaffen, mit dem bestimmte Aspekte der biologischen Grundlagenforschung als auch der angewandten Biologie untersucht werden können.

Wenn man ein Gen, etwa ein menschliches Gen, in großen Mengen produzieren will, muß man es in die genetische Ausstattung eines Bakteriums einfügen und dieses Bakterium dann massenhaft kultivieren. Diese Art von Arbeit ist auf leidenschaftliche Ablehnung gestoßen. Man hat ihr vorgeworfen, die Lebensqualität zu verderben, ja sogar das menschliche Leben zu gefährden. Die Verfahren der genetischen Forschung sind so zu einer der Hauptursachen für eine mißtrauisch ablehnende Haltung gegenüber der Biologie geworden. Es wird der Vorwurf erhoben, die Arbeit über Rekombinationen der DNS verleihe den Biologen – neben einer ganzen Reihe weiterer Forschungen wie etwa den Studien am Fötus, der Verhaltenskontrolle, der Hirnchirurgie oder dem Klonen von Politikern – die Macht, die Menschen an Leib und Seele zu schädigen. Es ist wahr, daß wissenschaftliche Neuerungen zum Guten wie zum Bösen dienen können, daß von ihnen sowohl Unglück als auch Segen ausgehen kann. Doch das, was tötet und knechtet, ist nicht die Wissenschaft, sondern Selbstsucht und Ideologie. Trotz Dr. Frankenstein und Dr. Strangelove sind die Blutbäder der Geschichte eher Priestern und Politikern anzulasten als Wissenschaftlern. Das Böse ist ja auch nicht nur eine Folge der absichtlichen Nutzung der Wissenschaft zu destruktiven Zwecken. Es kann ebensogut eine ferne und unvorhersehbare Konsequenz von Handlungen sein, die dem Wohl der Menschheit dienen sollen. Wer hätte voraussehen können, daß durch die Fortschritte der Medizin eine Überbevölkerung entsteht? Oder daß sich durch die Verwendung von Antibiotika Keime ausbreiten, die gegen diese Medikamente resistent sind? Oder daß die Verwendung von Kunstdünger zur Steigerung der Ernteerträge zu Umweltverschmutzung führt? Das alles sind Probleme, für die man Lösungen gefunden hat oder noch finden wird.

Bei der rekombinierenden DNS war es genau umgekehrt. Man hat die Apokalypse vorhergesagt, und nichts ist geschehen. Die endlosen Streitigkeiten, die diese Forschung ausgelöst hat, haben ihre Wurzel nicht so sehr in den Gefahren, die man heraufbeschwor – Gefahren übrigens, die nicht größer sind als jene, die man im Umgang mit Bakterien und pathogenen Viren seit langem unter Kontrolle hat. Was die Menschen vor allem irritierte, war vielmehr die Vorstellung, daß man Gene aus einem Organismus entnehmen und in einen anderen einbringen kann. Schon der Begriff der rekombinierenden DNS hat etwas Mysteriöses und Übernatürliches. Er erinnert an uralte Mythen, die ganz tief in der menschlichen Angst wurzeln. Er läßt wieder das Entsetzen wach werden, das sich mit der geheimen Bedeutung der Monstren verbindet, die Abscheu, die man angesichts der Vorstellung empfindet, zwei Wesen würden auf widernatürliche Weise miteinander vereint.

Jahrhundertelang haben Darstellungen des Jüngsten Gerichts großzügigen Gebrauch von entsetzlichen Monstren gemacht. Ein Beispiel ist das Werk des Hieronymus Bosch. Der Ort der Qualen, den Bosch als Hölle ausmalt, ist von den entsetzlichsten, fürchterlichsten Monstren bevölkert, die er sich vorstellen konnte. Diese Monstren sind vor allem widernatürliche Zwitterwesen. Um – wie man annehmen muß – die furchtbarsten Höllenstrafen zu erleiden, stehen die Sünder nackt so entsetzlichen Kreaturen gegenüber wie einer Mischung aus Fisch und Ratte, aus Hund und Vogel, aus Insekt und Mensch; riesengroße Monstren kriechen um ihre Opfer herum, verschlingen sie, unterwerfen sie entsetzlichen Foltergeräten; grauenhafte Bestien sind dabei, ihre Opfer zu fressen, zu beißen, zu vierteilen, zu zerkratzen, zu peitschen und zu zerreißen. Derartige Zwitterwesen können nur entstehen, wenn der Körper zunächst zerteilt und dann die Stücke wieder neu zusammengesetzt werden. Bosch hat, als habe er Angst erzeugen wollen, der Harmonie unserer Welt die Unordnung einer Antiwelt gegenübergestellt.

Die Forschung an der rekombinierenden DNS läßt also alte Alpträume wieder auferstehen. Sie hat den Ruch eines verbotenen Wissens. Sie läßt alte Mythen wiedererwachen, in denen die Sterblichen schwer dafür bestraft werden, daß sie den Göttern eine ausschließlich ihnen vorbehaltene Macht entwandten. Besonders empörend erscheint der Beweis, daß es so leicht ist, mit der Substanz, die allem Leben auf diesem Planeten zugrundeliegt, zu spielen. Besonders unverzeihlich die Idee, daß man als Ergebnis kosmischer Bastelei auffassen muß, was noch immer das verwirrendste Problem und zugleich die wunderbarste Geschichte ist: die Entstehung eines menschlichen Wesens, der Vorgang, bei dem eine Samenzelle und ein Ei miteinander verschmelzen und dadurch die Teilung der Eizelle auslösen, aus der erst zwei Zellen werden, dann vier Zellen, dann eine kleine Kugel, dann ein kleiner Sack. Irgendwo in diesem kleinen, wachsenden Körper individualisieren sich dann einige Zellen und vermehren sich, bis sie eine Masse von einigen Dutzend Milliarden Nervenzellen bilden. Dank dieser Zellen wird es dann möglich, sprechen, schreiben, lesen und rechnen zu lernen. Mit diesen Zellen ist es möglich, Klavier zu spielen, eine Straße zu überqueren, ohne überfahren zu werden, oder am anderen Ende der Welt einen Vortrag zu halten. All diese Fähigkeiten sind in unserer kleinen Zellmasse enthalten, die gesamte Grammatik, die Syntax, die Geometrie, die Musik. Und wir haben nicht die geringste Vorstellung davon, wie das alles aufgebaut wird. Dies ist für mich die erstaunlichste Geschichte, die man über diese Erde erzählen kann, weit erstaunlicher als jeder Kriminalroman und jede Science fiction.

3 Die Zeit und die Erfindung
der Zukunft

> Lehre einen Affen nicht,
> auf Bäume zu klettern.
> *Konfuzius*

Eine der verführerischsten Göttinnen der griechischen Mytho-
logie ist Eos, die Morgenröte. Am Ende einer jeden Nacht er-
hebt sich Eos, die Göttin mit den rosigen Fingern, angetan mit
einem safrangelben Kleid, von ihrem Bett im Osten, besteigt ihren Wagen, der von den Pferden Lampos und Phaeton gezogen
wird, und begibt sich zum Olymp, wo sie das baldige Eintreffen
ihres Bruders Apollo ankündet. Eines Tages erzürnte Aphrodite
darüber, Ares, für den sie eine »hartnäckige Leidenschaft« hegte,
im Bett von Eos zu finden. Sie verdammte Eos dazu, unablässig
nach jungen Sterblichen zu verlangen. Vermutlich ist das der
Grund, warum Eos uns so anziehend erscheint. Von da an begann Eos, obwohl sie mit Asträos verheiratet war, insgeheim
und nicht ohne ein Gefühl der Scham der Reihe nach junge Män-
ner zu verführen: zunächst Orion, den Sohn des Poseidon, einen
der elegantesten Sterblichen; danach Kephalos, der ihre Annähe-
rungsversuche unter dem Vorwand, er könne seine Frau Prokris
nicht betrügen, sehr höflich zurückwies. Eos verwandelte ihn in
einen anderen Mann, von dem Prokris sich ohne Schwierigkei-
ten verführen ließ. Danach hatte Kephalos nicht mehr die geringsten Skrupel, dem Wunsch von Eos zu willfahren. Daraufhin entführte sie Keitos, den Enkel eines gewissen Melanos, der
sowohl der erste Sterbliche war, dem prophetische Gaben verliehen wurden, als auch der erste, der die ärztliche Kunst prakti-
zierte, und überdies der erste, der seinen Wein mit Wasser ver-
schnitt. Anschließend verführte Eos Ganymed und Tithonos, die
beiden Söhne des Königs Tros, von dem sich der Name der Stadt

Troja herleitet. Ganymed galt als der schönste Jüngling auf Erden. Deshalb wurde er vom Rat der Götter dazu ausersehen, Mundschenk des Zeus zu werden. Zu jener Zeit der bevorzugte Geliebte der Eos, wurde er jedoch auch von Zeus begehrt, der sich mit Adlerfedern verkleidete und ihn der Eos entführte. Zum Ausgleich bat Eos, Zeus möge ihrem anderen Geliebten, Tithonos, Unsterblichkeit verleihen. Der große Zeus gewährte die Bitte. Es entstand jedoch eine betrübliche Lage, als deutlich wurde, daß Eos vergessen hatte, zusammen mit dem ewigen Leben auch ewige Jugend für ihren Geliebten zu verlangen. Tithonos wurde Tag für Tag älter, grauer und runzliger. Was noch schlimmer war: Er redete unaufhörlich mit einer immer schriller werdenden Stimme. Schließlich hatte Eos mit den rosigen Fingern es satt, ihn zu pflegen. Leider kann die Unsterblichkeit, einmal gewährt, nicht mehr rückgängig gemacht werden. Völlig verzweifelt, verwandelte Eos Tithonos in eine Zikade und sperrte ihn in einen Kasten. Wenn zwischen diesen beiden Alpträumen, dem Tod und dem Altern, ein Unterschied gemacht werden kann, dann erscheint das Schicksal des Tithonos schlimmer als das umgekehrte Schicksal des Dorian Gray, der sterblich ist, aber jung bleibt.

Den Vorgang des Alterns versteht man noch nicht. Es ist wahrhaft erstaunlich, daß ein komplexer Organismus, der aus einem außerordentlich komplizierten Prozeß der Morphogenese hervorgegangen ist, mit der sehr viel einfacheren Aufgabe, das bereits Vorhandene aufrechtzuerhalten, nicht fertig wird. Das Altern besteht in einem Niedergang, der nach erreichter Reife mit zunehmendem Alter fortschreitend die Fähigkeit zur Reproduktion und zum Überleben erfaßt. Es besteht nicht in der Verschlechterung eines bestimmten Systems, sondern im Verfall des gesamten Körpers. Vor einigen Jahrzehnten schrieb man das Altern einer nachlassenden Hormonproduktion, insbesondere von Sexualhormonen, zu. Danach hätte es zur Wiederverjüngung älterer Menschen genügt, ihnen Gonaden junger Affen einzupflanzen. Leider wurde das Wunder nie Wirklichkeit. Die Forschung geht überwiegend von der Vorstellung aus, das Altern lasse sich letzten Endes mit der Veränderung eines oder einiger weniger physiologischer Prozesse erklären. Dies wird jedoch immer unwahrscheinlicher. Ebenso wie andere wissenschaftliche Phantastereien – etwa das Perpetuum mobile – gehört der Jungbrunnen wahrscheinlich nicht zur Welt des Möglichen.

Die maximale Lebensdauer ist ein artspezifisches Merkmal. Sie wird demnach vom Genom festgelegt. Man hat sogar die Ansicht vertreten, die Alterung sei eine Etappe des Entwicklungsprogramms, doch ist diese Vorstellung nie präzisiert worden. Es war wiederum August Weismann[27], der das Altern und das, was man häufig als »natürlichen Tod« bezeichnet, in eine evolutionäre Perspektive rückte: »Ich betrachte den Tod als ein Anpassungsphänomen, ... weil eine unendliche Lebensdauer des Individuums einen ganz und gar unangebrachten Luxus darstellen würde.« Die Individuen müssen also notwendigerweise ständig durch neue Individuen ersetzt werden. »Verbrauchte Individuen haben für die Art keinen Wert, sie sind ihr sogar abträglich, denn sie nehmen den Platz der gesunden ein.« Dieses Argument von Weismann ist lange akzeptiert worden. Wenn er zu Recht das Altern und den Tod unter dem Gesichtspunkt der Evolution diskutierte, so hat er dennoch zwei Fehler begangen. Erstens argumentiert er zirkulär, denn wenn er die alten Organismen als verbraucht und reproduktionsunfähig bezeichnet, setzt er gerade voraus, was zu erklären wäre. Zweitens nimmt Weismann an, daß der Auslesemechanismus auf der Ebene der Art und nicht auf derjenigen des Individuums arbeitet. Die natürliche Auslese kann jedoch, um es noch einmal zu sagen, weder die Zukunft im allgemeinen noch das Schicksal einer Art im besonderen vorhersehen. Die Organismen waren nach Weismann nicht nur einem unausweichlichen Niedergang ausgesetzt, der dem Verschleiß von Maschinen ähnelt, sondern darüber hinaus hatte die natürliche Auslese einen spezifischen Todesmechanismus geschaffen, um alte und folglich nutzlose Individuen zu beseitigen. Das Altern und die mechanische Abnutzung haben jedoch nichts miteinander gemein. Trotz jahrzehntelanger Forschungen hat noch niemand zeigen können, daß es so etwas wie einen Todesmechanismus gibt.

Es ist schwer zu verstehen, daß ein Prozeß, der das Leben verkürzt, von der natürlichen Auslese begünstigt werden kann. Man würde ja, wenn es keinen spezifischen Todesmechanismus gibt, annehmen, daß eher ein allmählicher und nicht ein rapider Verfall stattfindet. Um dieses Paradoxon zu vermeiden, haben Medawar[28] und Williams[29] die Tatsache herangezogen, daß der Selektionsdruck nur in dem der Reproduktion voraufgehenden Lebensabschnitt wirkt. Bei allen Arten sind die wichtigsten Individuen diejenigen, die zur Geschlechtsreife gelangen, weil bei ihnen das Fortpflanzungsvermögen am größten ist. Die natürliche Auslese wird es deshalb so einrichten, daß ein Organismus seine Höchstform zur Zeit der Geschlechtsreife erreicht. Beim Menschen wird etwa die größte Kraft und die größte Widerstandsfähigkeit gegen Krankheiten zwischen zwanzig und dreißig Jahren erreicht, während die Sterblichkeitsrate um das fünfzehnte Lebensjahr am niedrigsten ist. Ein Tier scheint also seine beste Kondition während der Reproduktionsphase zu erreichen und anschließend nachzulassen. Medawar und Williams nehmen an, daß es Gene gibt, die sich abträglich auf den Organismus auswirken, sei es aufgrund schädlicher Mutationen oder aufgrund vielfältiger Wirkungen, die teils günstiger, teils abträglicher Natur sind. Die natürliche Auslese würde dann dahin wirken, die schädlichen Effekte in dem Lebensabschnitt, der sich an die Reproduktionsphase anschließt, zu häufen. Dadurch würde sich der körperliche Verfall gegen Ende des Lebens erklären. Anders ausgedrückt, wäre der Niedergang im Alter der Preis, den wir für die Lebenskraft der Jugendzeit zu entrichten hätten. Auf der einen Seite würden bestimmte Kräfte, welche die Lebenstüchtigkeit des Jugendalters begünstigen, den Alterungsprozeß beschleunigen, und andererseits würde dieser Prozeß durch andere Kräfte verlangsamt, welche die schädlichen Auswirkungen hemmen. Der Alterungsprozeß und die Lebensdauer würden damit letzten Endes durch ein Gleichgewicht zwischen diesen entgegengesetzten Kräften bestimmt. Bis heute weiß man freilich noch nichts über diese hypothetischen, schädlich wirkenden Gene; sie bleiben abstrakte Wesenheiten.

Durch das Altern tritt das Leben in einen unauflöslichen Zusammenhang mit dem Begriff der Zeit. Bei den Griechen des Altertums wurde die Zeit durch eine Reihe von zyklisch wiederkehrenden Vorgängen und durch das endlose Gewoge von Leben und Tod eingeteilt. Bei Homer heißt es: »Gleich wie Blätter im Walde, so sind die Geschlechter der Menschen. / Einige streuet der Wind auf die Erd hin, / Andere wieder / Treibt der knospende Wald, erzeugt in des Frühlinges Wärme: / So der Menschen Geschlecht, dies wächst und jenes verschwindet.«[30] Diese Vorstellung von einem nicht bestimmbaren Schicksal bezog sich auf die gesamte Realität und bestimmte sowohl den Wechsel der Jahreszeiten als auch die regelmäßige Wiederkehr der Feste und die Abfolge der Generationen innerhalb einer kosmischen, einer religiösen und einer menschlichen Zeit. Später wurde die Zeit selbst für die Griechen unter dem Namen Chronos zu einer Gottheit. In der orphischen Kosmogonie zum Beispiel stand Chronos gar am Anfang des Kosmos. Er wurde dargestellt als eine Art vielgestaltiges Ungeheuer, aus dem das Urei hervorging, das, als es aufbrach, erst Himmel und Erde und später dann Götter und Sterbliche entstehen ließ.[31]

Auch in unserer Evolutionsmythologie wird der Zeit eine bedeutende Rolle zugewiesen. Sie gilt als einer der gestaltenden Faktoren der Welt im allgemeinen und der belebten Welt im besonderen. Die Notwendigkeit eines Zeitparameters markiert in der Tat einen der bezeichnenden Unterschiede zwischen der Biologie und den meisten Bereichen der Physik. Sonderbarerweise kommt ja der Pfeil der Zeit in den grundlegenden Theorien der Physik gar nicht vor. Gewiß findet man in der physikalischen Welt bestimmte zeitliche Asymmetrien wie etwa die Ausdehnung des Weltalls oder die Ausbreitung elektromagnetischer Wellen von ihrer Quelle her. Doch bis in die jüngste Zeit hinein galten die fundamentalen Gesetze der Physik, der Quantenmechanik und des Elektromagnetismus als zeitlich symmetrisch, und näherungsweise gilt diese Auffassung noch heute. So können das Entstehen und das Vergehen von Teilchen als exakte Umkehrung voneinander betrachtet werden. Asymmetrie tritt nur bei den komplementären Phänomenen auf. Bis zur Formulierung einer irreversiblen Thermodynamik galt ein zeitlich asymmetrisches Gesetz wie der zweite Hauptsatz als nur näherungsweise wahr und als ableitbar aus zeitlich symmetrischen Gesetzen. Wenn man Filme rückwärtslaufen läßt, kann man sich vorstellen, wie eine Welt mit umgekehrter Zeitrichtung aussehen würde: In ihr würde sich die Milch von dem Kaffee in der Tasse trennen und in das Milchkännchen emporsteigen; Lichtstrahlen würden, statt sich von einer Quelle auszubreiten, aus den Wänden hervortreten und in einer Vertiefung zusammenströmen; ein Stein würde durch das wundersame Zusammenwirken unzähliger Wassertröpfchen aus dem Wasser emporschießen, eine Parabel beschreiben und schließlich in der Hand eines Menschen landen. In einer solchen zeitlich umgekehrten Welt wären jedoch die Prozesse in unserem Gehirn und die Bildung unseres Gedächtnisses ebenfalls umgekehrt. Für Vergangenheit und Zukunft würde das gleiche gelten, und die Welt würde uns genauso erscheinen wie jetzt.

Im Gegensatz zu den meisten Zweigen der Physik macht die Biologie aus der Zeit einen ihrer wichtigsten Parameter. Auf den Pfeil der Zeit stößt man in der gesamten belebten Welt, die das Produkt einer Evolution in der Zeit ist. Man stößt auf ihn ebenso in jedem Organismus, der sich während seiner Lebenszeit unablässig verändert. Vergangenheit und Zukunft stellen ganz und gar verschiedene Richtungen dar. Jedes Lebewesen geht von seiner Geburt an auf den Tod zu. Das Leben eines jeden Individuums unterliegt einer planmäßigen Entwicklung – ein Umstand, der die Philosophie des Aristoteles und dadurch die gesamte westliche Kultur, ihre Theologie, Kunst und Wissenschaft stark beeinflußt hat. Die Kluft, die lange zwischen der planmäßigen

Entwicklung, durch welche die Lebewesen sich auszeichnen, und der physikalischen Welt bestand, ist nun von der Molekularbiologie geschlossen worden. Der bei allen Lebensvorgängen unentbehrliche Pfeil der Zeit – die Spezialität der Biologie, ihr Stempel gewissermaßen – ist inzwischen zu einem Bestandteil unseres Weltbildes geworden.

Die meisten Organismen besitzen innere Uhren, welche ihre physiologischen Zyklen regeln. Alle besitzen Gedächtnissysteme, auf denen ihre Funktionsweise, ihr Verhalten, ja sogar ihre Existenz beruhen. Eines darunter, das genetische System, ist allen Lebewesen gemeinsam. Es ist gewissermaßen das Gedächtnis der Art und ein Ergebnis der Evolution. Es bewahrt, verschlüsselt in der DNS, die Spuren von Ereignissen, die durch alle Generationen hindurch zur gegenwärtigen Situation geführt haben. Die Wechselfälle des Lebens haben, wie schon oben erörtert wurde, keinen unmittelbaren Einfluß auf die Gene. Erworbene Merkmale werden nicht an die Nachkommenschaft weitergegeben. Die Vererbung lernt nicht aus der Erfahrung. Wenn die Umwelt schließlich doch auf die Vererbung einwirkt, so immer nur auf dem langen Umweg über die natürliche Auslese.

Die komplexen Organismen haben noch zwei weitere Gedächtnissysteme entwickelt. Beide Systeme werden in ihrem Aufbau von den Genen bestimmt, und ihre Aufgabe ist es, bestimmte Erfahrungen des Individuums festzuhalten. Auf das Immunsystem stieß man dadurch, daß der Körper in vielen Fällen die Erinnerung an eine Infektion bewahrt. Seit langem weiß man, daß bestimmte Krankheiten nicht zweimal bei einem Individuum auftreten. Schon im 15. Jahrhundert zerrieben die Chinesen getrockneten Schorf von Pockenkranken zu einem Pulver, das sie inhalierten, um sich vor Pocken zu schützen. Drei Jahrhunderte später bewies Jenner, daß die Impfung mit Kuhpokken, einer verwandten, aber harmlosen Erkrankung, vor einer anschließenden Infektion mit Pocken schützen konnte. Ihren eigentlichen Anfang als Wissenschaft erlebte die Immunologie jedoch erst, als Pasteur ein Huhn versehentlich nicht mit einer fri-

schen Bakterienkultur impfte, die es innerhalb weniger Tage töten konnte, sondern mit einer älteren Kultur der gleichen Art;
das Huhn überlebte diese Injektion nicht nur, sondern es war,
wie sich herausstellte, dadurch gegen eine weitere Impfung mit
der virulenten Kultur immun geworden.

Ein Jahrhundert später hat man festgestellt, daß das Immunsystem von unglaublicher Komplexität ist. Es umfaßt mehrere
Klassen von sehr spezialisierten Zellen, den Lymphzellen, die in
unterschiedlichen Kombinationen zusammenwirken, sei es direkt von Zelle zu Zelle oder durch chemische Signale. Während
der embryonalen Entwicklung lernt das Immunsystem, das
Selbst vom Nichtselbst zu unterscheiden. Dadurch kann es sowohl gegen Bestandteile des Selbst, die durch Krankheiten verändert wurden, als auch gegen fremde, in den Körper eingedrun-
gene Moleküle, die »Antigene«, vorgehen. Der Körper kann
entweder Antikörper erzeugen und in den Blutkreislauf aus-
schütten, durch die das Antigen dann unschädlich gemacht wird;
er kann aber auch durch spezialisierte Zellen eingreifen, die das
Antigen unmittelbar zerstören, wie es etwa bei der Abstoßung
von Transplantaten der Fall ist. In beiden Fällen werden Zellen,
die auf eine ungeheure Zahl verschiedener Strukturen reagieren
können, von einem System erzeugt, bei dem sich eine begrenzte
Zahl von Bruchstücken genetischer Information in allen möglichen Kombinationen miteinander verbinden. In beiden Fällen
sind die reaktionsfähigen Zellen bereits da und brauchen nur
durch die Begegnung mit einem Antigen aktiviert zu werden.
Die Abwehrleistungen des Individuums beruhen also auf seiner
Lebenserfahrung, die unter einer riesigen Anzahl bereits vorhandener Strukturen eine Auslese trifft.

Das genetische System und das Immunsystem funktionieren
also wie Gedächtnisse, die die Vergangenheit der Art beziehungsweise des Individuums festhalten. Ein Lebewesen ist aber
nicht nur das letzte Glied einer ununterbrochenen Kette von Organismen. Das Leben ist ein Prozeß, der sich nicht nur darauf
beschränkt, das Vergangene aufzuzeichnen, sondern der auch in

die Zukunft blickt. Sehr wahrscheinlich entwickelte sich das Nervensystem als ein Apparat, der das Verhalten verschiedener Zellen in vielzelligen Organismen koordinierte; anschließend wurde es zu einer Maschine, die bestimmte Ereignisse im Leben eines Individuums festhielt; und schließlich wurde es fähig, die Zukunft zu erfinden.

Nur durch einen ununterbrochenen Fluß von Materie, Energie und Information können Lebewesen überleben, wachsen und sich vermehren. Es ist daher für einen Organismus absolut notwendig, daß er seine Umwelt oder zumindest die Aspekte seiner Umwelt, die mit seinen Lebensbedürfnissen zusammenhängen, wahrnimmt. Der einfachste Organismus, das bescheidenste Bakterium muß »wissen«, welche Art von Nahrung ihm zur Verfügung steht, um seinen Stoffwechsel darauf einstellen zu können. Bei den Mikroorganismen sind Wahrnehmung und Reaktion ganz von den Genen abhängig und bestehen lediglich in der Alternative Ja oder Nein. Ein Bakterium nimmt von seiner Umgebung nur das wahr, was es mit Hilfe einiger Proteine festzustellen vermag, die jeweils spezifisch eine bestimmte Verbindung »erkennen«. Für ein Bakterium beschränkt sich die Außenwelt auf einige Substanzen in Lösung.

Die mit der Evolution einhergehende Leistungssteigerung setzt offenbar eine verfeinerte Wahrnehmung, eine erweiterte Information voraus, die der Organismus von außen aufnimmt. Die Tiere haben unterschiedliche Möglichkeiten, die Außenwelt zu erkunden; manche riechen sie, andere hören sie, und wiederum andere sehen sie. Jeder Organismus ist so ausgestattet, daß er eine bestimmte Wahrnehmung von der Außenwelt erhält. Dadurch lebt jede Art in ihrer eigenen Sinneswelt, von der andere Arten teilweise oder völlig ausgeschlossen sind. Bienen sind beispielsweise unempfänglich für rotes Licht, sehen aber das ultraviolette, das wir nicht wahrnehmen. Die Evolution hat eine ganze Reihe spezifischer Organe entstehen lassen, so etwa die Ortung durch Ultraschallecho bei den Fledermäusen, das elektrische Organ bei bestimmten Fischen, das Infrarotauge bei den

Schlangen, die Empfindlichkeit für polarisiertes Licht bei den Bienen, die Empfindlichkeit für das Magnetfeld der Erde bei den Vögeln usw. Ein Organismus nimmt immer nur einen Ausschnitt aus seiner Umwelt wahr, einen Ausschnitt, der je nach Organismus verschieden ist.

Bei den niederen Wirbeltieren wird die Sinnesinformation starr in motorisch-nervöse Information umgesetzt. Diese Tiere scheinen in einer Welt globaler Reize zu leben, die entsprechende Reaktionen auslösen – die Verhaltensforscher sprechen von »angeborenen Auslösemechanismen«. Bei den Vögeln dagegen und in noch höherem Maße bei den Säugetieren wird die ungeheure Menge von Information aus der Umwelt durch die Sinnesorgane gefiltert und vom Gehirn verarbeitet, das eine vereinfachte, aber brauchbare Repräsentation der Außenwelt liefert. Das Gehirn arbeitet nicht in der Weise, daß es ein exaktes Abbild einer Welt aufzeichnet, die als metaphysische Wahrheit aufzufassen ist, sondern es schafft sein eigenes Bild.

Wie die Außenwelt wahrgenommen wird, hängt bei jeder Art sowohl von den Sinnesorganen als auch davon ab, wie das Gehirn sensorische und motorische Vorgänge integriert. Selbst wenn verschiedene Arten ein und dieselben Reize wahrnehmen, kann ihr Gehirn so organisiert sein, daß es unterschiedliche Einzelheiten heraussiebt. Die von verschiedenen Arten wahrgenommenen Umwelten können sich je nachdem, wie die Information verarbeitet wird, so grundlegend voneinander unterscheiden, als kämen die Reize aus verschiedenen Welten. Wir selbst sind in dem Weltbild, das unsere Sinnesorgane und unser Gehirn uns liefern, so sehr befangen, daß wir nur schwer begreifen, daß diese Welt auch anders gesehen werden kann. Die Welt einer Fliege, eines Regenwurms oder einer Möwe vermögen wir uns kaum vorzustellen.

Gleichgültig, auf welche Weise ein Organismus seine Umwelt erkundet – die Wahrnehmung, die er von ihr gewinnt, muß notwendig die »Realität« oder genauer jene Aspekte der Realität widerspiegeln, die unmittelbar mit seinem Verhalten zu tun haben.

Wenn das Bild, das sich ein Vogel von den Insekten macht, die er seinen Jungen als Nahrung bringen muß, nicht wenigstens wenige Aspekte der Realität widerspiegeln würde, gäbe es keine Jungen mehr. Wenn die Vorstellung, die sich der Affe von dem Zweig macht, auf den er springen will, nichts mit der Realität zu tun hätte, gäbe es keinen Affen mehr. Und wenn das nicht ebenso für uns gelten würde, wären wir nicht hier, um darüber zu diskutieren. Die Wahrnehmung bestimmter Aspekte der Realität ist eine biologische Notwendigkeit. Es kann sich nur um bestimmte Aspekte handeln, denn es ist offensichtlich, daß unsere Wahrnehmung der Außenwelt stark gefiltert ist. Unser Sinnesapparat erlaubt uns, einen Tiger zu sehen, der in unser Schlafzimmer eindringt. Er erlaubt uns nicht, die Teilchenwolke zu erkennen, aus der, wie die Physiker uns versichern, die Realität des Tigers besteht. Die Außenwelt, von deren »Realität« wir eine intuitive Kenntnis besitzen, erscheint demnach als eine Schöpfung des Nervensystems. Sie ist gewissermaßen eine mögliche Welt, ein Modell, mit dessen Hilfe der Organismus die Masse der empfangenen Informationen verarbeiten und für das tägliche Leben nutzbar machen kann. Man gelangt so zur Definition einer Art von »biologischer Realität«, die in der spezifischen Repräsentation der Außenwelt besteht, welche das Gehirn der jeweiligen Art aufbaut. Die Qualität dieser biologischen Realität wächst mit der Evolution des Nervensystems im allgemeinen und des Gehirns im besonderen.

Vor einigen Jahren hat Harry J. Jerison[32] angedeutet, daß die Qualität dieser »biologischen Realität« im Zusammenhang mit den Verhaltensmöglichkeiten durchaus ein bedeutender Faktor des Selektionsdrucks im Sinne der Hirnentwicklung bei den Säugetieren gewesen sein könnte. In diesem Zusammenhang weist er der Zeitvorstellung eine wesentliche Rolle zu. Der Zeitparameter muß im Laufe der Evolution nach und nach in das Weltbild einbezogen worden sein, denn bei den niederen Wirbeltieren kann es ihn kaum gegeben haben. So scheinen Reptilien die Zeit nicht wahrzunehmen. Die räumliche Repräsentation wird durch einen Analysator kodiert, der in der Netzhaut selbst liegt. Die ersten Säuger waren kleine Tiere, die durch die Anwesenheit von Großreptilien wie etwa Dinosauriern in ein und demselben Gebiet zu einer nächtlichen Lebensweise gezwungen waren. Was die Erkundung der ferneren Umgebung betrifft, so führte das nächtliche Leben zu einer Verdrängung des Sehens durch das Hören und Riechen. Das hatte zwei Folgen: zum einen eine Vergrößerung des Hörfeldes im Gehirn, das zusätzliche Neuronen aufnahm, die im Ohr keinen Platz fanden; zum anderen eine neue Art der Verarbeitung räumlicher Informationen mit Hilfe eines zeitlichen Codes, ungefähr in der Art der Fledermäuse, die ein Radarsystem besitzen und Objekte dadurch orten, daß sie einen Ton ausstoßen und dessen Echo lokalisieren. Weitere Etappen müssen dann später zu einer Erweiterung des Gehirns und zu einer Bereicherung der »biologischen Realität« bei den Säugetieren geführt haben.

Als die Säugetiere nach dem Verschwinden der Riesenreptilien ein Leben bei Tageslicht führen konnten, benutzten sie nicht den Sehapparat der Reptilien. Sie entwickelten ein sehr viel raffinierteres System, mit Farbensehen und Analysatoren, die nicht mehr in der Netzhaut lagen, sondern im Gehirn. Jetzt konnten optische und akustische Informationen mit Hilfe eines zugleich räumlichen und zeitlichen Codes integriert werden, der es erlaubte, Licht- und Schallreize gemeinsamen Quellen zuzuschreiben, nämlich Objekten, die in Zeit und Raum konstant bleiben. Das Gehirn der höheren Säugetiere kann die ungeheure Informationsmenge, die ihm während des Wachzustandes von den Sinnen zugeleitet wird, nur deshalb verarbeiten, weil diese Information schon zu Mengen, zu Körpern zusammengefaßt ist, die für das Tier die »Objekte« seiner räumlich-zeitlichen Welt, d. h. die Elemente seiner täglichen Erfahrung bilden. Dadurch wird es möglich, ein Objekt auch dann zu identifizieren, wenn die räumliche und zeitliche Wahrnehmung sich ständig ändert.

Die verschiedenen Stufen der Enzephalisierung, die zum *Homo sapiens* geführt haben, kann man in gleicher Weise analysieren. Auch hier ist die geistige Repräsentation der Außenwelt im Laufe dieses Prozesses reicher geworden. Auch hier muß man nach Jerison der Zeit eine bedeutende Rolle zuschreiben. Sehr wahrscheinlich hat der auf die Hominiden wirkende Selektionsdruck die Raumwahrnehmung mit Hilfe des Gehörs begünstigt, so daß Geräuschquellen besser lokalisiert werden konnten. So entstand ein immer besser integriertes und immer kohärenteres Bild einer räumlich-zeitlichen Welt, in der sich bewegende Objekte gleichzeitig gesehen, gehört, gerochen und berührt werden konnten. Da die zeitliche Fortdauer dieser Objekte gewährleistet war, konnte ihre Repräsentation außerdem im Gedächtnis gespeichert werden. Daraus, wie diese Repräsentation organisiert ist, ergeben sich Konsequenzen insbesondere für zwei der bemerkenswertesten Eigenschaften des Gehirns. Einerseits können die im Gedächtnis gespeicherten Bilder von vergangenen Ereignissen in ihre Bestandteile zerlegt und wieder zu neuen, bislang unbekannten Repräsentationen und Situationen zusammengesetzt werden; darauf beruht die Fähigkeit, nicht nur die Bilder vergangener Ereignisse zu bewahren, sondern sich darüber hinaus mögliche Ereignisse vorzustellen, also eine Zukunft zu erfinden. Andererseits wird es durch eine Verknüpfung der akustischen Wahrnehmung zeitlicher Sequenzen mit bestimmten Veränderungen des sensomotorischen Apparats der Stimme möglich, diese kognitive Repräsentation in einer ganz neuen Weise zu symbolisieren und zu kodieren. Nach dieser Auffassung, die von zahlreichen Linguisten geteilt wird, fungierte die Sprache erst in zweiter Linie als Kommunikationssystem zwischen Individuen; ihre Hauptfunktion war vermutlich, wie schon auf früheren Entwicklungsstufen, beim Auftreten der ersten Säugetiere, eine stärker verfeinerte und bereicherte Repräsentation der Realität, ein wirksameres Verfahren zur Verarbeitung von mehr Informationen. Wie leicht die Kommunikation zwischen Individuen herzustellen ist, sieht man im gesamten Tierreich. Selbst bei den Hominiden, die gejagt und in Gemeinschaft gelebt haben müssen, dürften für den größten Teil der Informationen, die sie über unmittelbare Gegebenheiten des Lebens untereinander auszutauschen hatten, einfache Codes genügt haben. Wenn es dagegen gilt, eine optisch-akustische Wahrnehmungswelt so zu übersetzen, daß Objekte und Ereignisse präzise bezeichnet und Wochen oder Jahre später erkannt werden können, bedarf es eines sehr viel entwickelteren Kodierungssystems. Die Einzigartigkeit der Sprache beruht offenbar weniger darauf, daß man mit ihrer Hilfe Handlungsanweisungen zu erteilen vermag, als vielmehr auf der Möglichkeit der Symbolisierung, der Evokation kognitiver Bilder. Wir gestalten unsere »Realität« ebenso durch unsere Wörter und Sätze wie durch unseren Gesichts- und Hörsinn. Außerdem ist die menschliche Sprache dank ihrer Geschmeidigkeit ein unvergleichliches Werkzeug zur Entwicklung der Vorstellungskraft. Sie ermöglicht eine endlose Kombination von Symbolen; sie ermöglicht die geistige Erschaffung von möglichen Welten.

Nach dieser Auffassung lebt jeder von uns in einer »realen« Welt, die sein Gehirn aus den Informationen, welche die Sinne und die Sprache liefern, aufbaut. Diese reale Welt bildet die Bühne, auf der alle Ereignisse des Lebens sich abspielen. Die Erfahrungen, mit denen das Gehirn im Laufe eines Lebens konfrontiert wird, sind von Individuum zu Individuum verschieden; dennoch sind die Repräsentationen der Welt, die aus diesen Erfahrungen erwachsen, einander hinreichend ähnlich, so daß sie durch Worte mitgeteilt werden können. Das Bewußtsein könnte man auffassen als die Wahrnehmung eines Selbst als eines »Objekts«, das im Mittelpunkt der »Realität« steht. Die Existenz eines Selbst als Objekt, also einer Person, gehört sicherlich zu den am tiefsten in uns verankerten Intuitionen. Es ist schwer zu entscheiden, auf welcher Stufe der Evolution sich ein Anfang von Selbstbewußtsein feststellen läßt. Einen Hinweis darauf bietet vielleicht die Fähigkeit, sich in einem Spiegel zu erkennen, eine Fähigkeit, die erst auf einem bestimmten Niveau der Komplexität in der Evolution der Primaten auftritt. Verbindet sie sich mit der Fähigkeit, sich Bilder von der »Realität« zu machen, solche Bilder neu zusammenzusetzen, sich also durch die Vorstellungskraft ein Bild von möglichen Welten zu machen, so verleiht das Selbstbewußtsein dem Menschen die Fähigkeit, die Existenz einer Vergangenheit zu erkennen, die vor seinem eigenen Leben lag. Es erlaubt ihm gleichfalls, sich künftige Zeiten vorzustellen, eine Zukunft zu erfinden, die seinen eigenen Tod und sogar eine Zeit nach seinem Tod enthält. Es erlaubt ihm, sich vom Bestehenden zu lösen und ein Mögliches zu schaffen.

Die alte erkenntnistheoretische Tradition, die sich bei vielen Intellektuellen namentlich in Europa noch großer Beliebtheit erfreut, stützte sich hauptsächlich auf die Introspektion. Ihr zufolge konnten geistige Vorgänge nicht gleicher Natur sein wie physikalische Vorgänge. Es ist jedoch nicht leicht einzusehen, wie ein immaterieller Geist aus einem Evolutionsprozeß durch natürliche Auslese hervorgegangen sein könnte. Es hilft auch nicht weiter, wenn man den Teilchen, aus denen die Materie sich zusammensetzt, eine Art Psyche zuschreibt. Man kommt also kaum um die Folgerung herum, daß der »Geist« ein Produkt der Organisation des Gehirns ist, so wie das »Leben« ein Produkt der Organisation der Moleküle ist. Es ist ungewiß, ob wir jemals erkennen werden, wie aus einem unbelebten Universum Lebewesen hervorgegangen sind, und es ist ungewiß, ob wir jemals die Evolution des Gehirns und das Auftreten all jener Merkmale begreifen werden, die wir, auch wenn wir sie kaum zu definieren vermögen, als Denken bezeichnen.

Bei dem Versuch, die Evolution des Gehirns und des Geistes zu beschreiben, ist mehr als eine Schilderung der Abläufe, mehr als ein Szenario nicht zu erwarten. Allerdings können die Szenarien sehr unterschiedlich sein, je nachdem, ob man den Akzent mehr auf psychologische, ethologische, neurologische oder paläontologische Argumente legt. Jerisons Darstellung stützt sich vor allem auf paläoneurologische Daten, insbesondere auf den relativen Umfang von Gehirn und Körper. Anhand dieser Daten, die man aus der Untersuchung fossiler Wirbeltiere gewinnt, lassen sich die wichtigsten Etappen des Enzephalisierungsprozesses rekonstruieren. Das Bestechende an Jerisons Hypothese ist, daß er ein bestimmtes Element – das Sammeln von Informationen über die Außenwelt und die Repräsentation der Realität – über die gesamte Evolution der Säugetiere hinweg, einschließlich der Hominiden, zu einem durchgängigen Faktor des Selektionsdrucks macht. Bestimmte menschliche Aktivitäten wie etwa die Künste, die Schaffung von Mythen oder die Naturwissenschaften kann man sogar als kulturelle Entwicklungen auffassen, die in die gleiche Richtung zielen. Die Künste stellen in einem gewissen Sinne Bemühungen dar, mit verschiedenen Mitteln bestimmte Aspekte eines privaten Weltbildes zu vermitteln. Bei der Schaffung von Mythen geht es unter anderem darum, verstreute Informationen über die Welt zu einem einigermaßen kohärenten, öffentlichen Bild zusammenzufassen. Was die Naturwissenschaften angeht, so versuchen sie schon seit jeher – allerdings seit dem Ende der Renaissance auf eine neue Art –, dieses öffentliche Weltbild zu verfeinern und zu einer genaueren Betrachtung der Realität beizutragen. All diese Aktivitäten machen sich die menschliche Vorstellungskraft zunutze. Sie alle benutzen Bruchstücke der Realität, die sie neu miteinander kombinieren, um neue Strukturen, neue Situationen, neue Ideen zu schaffen. Eine Veränderung in der Repräsentation der Welt kann aber, wie die technische Entwicklung zeigt, eine Veränderung in der physikalischen Welt selbst nach sich ziehen.

Fast alles, was für die Menschheit charakteristisch ist, läßt sich in dem Wort »Kultur« zusammenfassen. Die Weitergabe kultureller Merkmale besitzt eine oberflächliche Ähnlichkeit mit der Weitergabe biologischer Merkmale, und oft spricht man ja auch vom »kulturellen Erbe«. Die wichtigste Übereinstimmung zwischen den beiden Systemen besteht in ihrer natürlichen Tendenz zum Konservativismus, die freilich die Möglichkeit des Wandels und damit der Evolution einschließt. Die kulturellen Merkmale pflanzen sich jedoch durch einen Lamarckschen Mechanismus fort. Die kulturelle Evolution kann sich deshalb mit einer Geschwindigkeit vollziehen, welche die der biologischen Evolution um mehrere Größenordnungen übertrifft. In biologischer Hinsicht unterscheidet sich der Mensch des 20. Jahrhunderts offenbar nicht von dem Menschen, der vor 30 000 oder 40 000 Jahren gelebt hat. Dagegen hat die kulturelle, soziale und technische Welt, in der ein Mensch am Ende dieses Jahrhunderts stirbt, kaum etwas mit der Welt gemein, in der er geboren wurde.

Je stärker eine Wissenschaft sich mit dem Menschen befaßt, um so größer ist die Gefahr, daß die einschlägigen Theorien mit Traditionen und Glaubensvorstellungen in Konflikt geraten, und um so größer ist auch die Wahrscheinlichkeit, daß die Daten, welche die Wissenschaft beisteuert, manipuliert und zu ideologischen und politischen Zwecken benutzt werden. Besonders in der Biologie ist das gut zu beobachten, wo gegenwärtig wieder der alte Streit darüber entbrennt, welche Bedeutung der Vererbung beziehungsweise der Umwelt für bestimmte Begabungen des Menschen zukommt. Während bei den einfachen Organismen das Verhalten streng von den Genen bestimmt wird, ist das genetische Programm bei den komplexeren Organismen nicht so zwingend, sondern, wie Ernst Mayr[33] sagt, eher »offen« in dem Sinne, daß es die Verhaltensweisen nicht in allen Einzelheiten vorschreibt, sondern dem Organismus Wahlmöglichkeiten läßt, ihm eine gewisse Freiheit der Reaktion gibt. Das Programm erteilt dem Organismus keine starren Befehle, sondern gewährt ihm Möglichkeiten und Fähigkeiten. Diese Offenheit des genetischen Programms nimmt im Laufe der Evolution zu und erreicht ihren Höhepunkt beim Menschen. Die sechsundvierzig Chromosomen des Menschen verleihen ihm eine ganze Reihe von physischen und geistigen Fähigkeiten, die er je nach der Umwelt und der Gesellschaft, in der er aufwächst und lebt, in sehr vielfältiger Weise nutzen und entwickeln kann. So wird beispielsweise die Sprachfähigkeit dem Kind von seiner genetischen Ausstattung mitgegeben. Welche Sprache es dann aber erlernt, ist eine Frage der Umwelt. Das Verhalten des Menschen wird, wie jedes andere Merkmal, durch die ständige Wechselwirkung zwischen Genen und Umwelt geformt.

Diese Interdependenz zwischen dem Biologischen und dem Kulturellen wird jedoch allzu häufig aus ideologischen und politischen Gründen unterschätzt, wenn nicht gar schlicht und einfach geleugnet. Statt in Vererbung und Umwelt zwei komplementäre Faktoren zu sehen, die in der Formung des Menschen unauflöslich zusammenwirken, möchte man sie als zwei antagonistische Kräfte hinstellen, deren jeweiliger Anteil am Verhalten und an den Begabungen des Individuums bestimmt werden soll, so als ob diese beiden Faktoren sich in der Genese des menschlichen Verhaltens gegenseitig ausschließen müßten. So stehen sich dann in verschiedenen Auseinandersetzungen, sei es über die Schule, über die Psychiatrie oder über die Unterschiede zwischen den Geschlechtern, zwei extreme Haltungen gegenüber, für die, wenn man verschiedene Tonträger als Beispiel heranzieht, das menschliche Gehirn entweder ein unbespieltes Tonband oder eine Schallplatte ist. Ein Tonband kann Instruktionen aus der Umwelt aufnehmen, irgendein beliebiges Musikstück aufzeichnen und auf Wunsch wiedergeben. Eine Schallplatte dagegen kann, gleichgültig, wie die Umwelt beschaffen sein mag, nur das in ihre Rillen eingepreßte Stück wiedergeben.

Die Anhänger der Tonbandtheorie sind häufig von der marxistischen Theorie beeinflußt, derzufolge das Individuum ganz und gar durch seine soziale Klasse und seine Erziehung geformt wird. Nach dieser Ansicht haben die geistigen Fähigkeiten eines Menschen mit Biologie und Vererbung überhaupt nichts zu tun. Alles ist ausschließlich eine Sache der Kultur, der Gesellschaft, des Lernens, der Konditionierung, der Verstärkung und der Produktionsweise. Alle erblichen Unterschiede in den Fähigkeiten und Talenten der Menschen verschwinden auf diese Weise. Es kommt allein auf die sozialen Unterschiede und die Unterschiede der Erziehung an. Die Biologie und ihre Zwänge machen vor dem menschlichen Gehirn halt. In dieser extremen Form ist diese Einstellung einfach unhaltbar. Lernen ist ja nichts anderes als die Verwirklichung eines Programms, das den Erwerb von Kenntnissen ermöglicht. Man kann nicht eine Lernmaschine bauen, ohne in ihrem Programm die Bedingungen und Modalitäten des Lernens festzulegen. Ein Stein lernt nicht, und verschiedene Tiere lernen verschiedene Dinge. Ein Kind durchläuft genau definierte Lernstufen. Die Neurobiologie hat gezeigt, daß die Nervenbahnen, die den Fähigkeiten und Begabungen zugrunde liegen, zumindest teilweise schon bei der Geburt biologisch festgelegt sind. Die Verfechter der Tonbandtheorie verhalten sich in einem gewissen Sinne wie die Vitalisten des 19. Jahrhunderts, nach deren Ansicht die Lebewesen nicht den physikalischen und chemischen Gesetzen gehorchten, von denen die Eigenschaften lebloser Objekte bestimmt werden, sondern einer mysteriösen Lebenskraft. Von der Lebenskraft ist heute keine Rede mehr. Genau wie die leblosen Objekte gehorchen die Lebewesen den Gesetzen von Physik und Chemie. Allerdings gehorchen sie darüber hinaus noch weiteren Gesetzen; sie müssen zusätzlichen Forderungen wie etwa der Ernährung, der Reproduktion usw. genügen, die in der unbelebten Welt keinen Sinn haben. In analoger Weise treten beim Menschen zu den biologischen Faktoren weitere Faktoren psychologischer, linguistischer, kultureller, sozialer, ökonomischer usw. Natur hinzu. Ein so komplexes Gebilde wie das menschliche Gehirn ist mit den Erkenntnissen einer einzelnen Disziplin nicht zu erklären – und erst recht nicht mit bruchstückhaften Erkenntnissen verschiedener Disziplinen, denen jeweils, ihrer Bedeutung entsprechend, ein bestimmter Koeffizient zugewiesen würde. Die Erforschung des Menschen läßt sich nicht auf die Biologie reduzieren, noch kann sie auf die Biologie verzichten, so wie auch die Biologie nicht auf die Physik verzichten kann.

Genauso unhaltbar erscheint daher die entgegengesetzte Auffassung, die Schallplattentheorie. Diese Auffassung, die häufig mit einer konservativen Philosophie Hand in Hand geht, liegt unterschiedlichen Formen des Rassismus und Faschismus zugrunde. Sie schreibt praktisch sämtliche geistigen Fähigkeiten des Menschen der Vererbung zu, leugnet jeglichen Einfluß der Umwelt und macht dadurch jede Hoffnung auf eine Verbesserung durch Üben und Lernen zunichte. Solange die Welt als ein Produkt der göttlichen Schöpfung galt, fügte die »menschliche Natur« sich in die allgemeine Harmonie des Universums ein. Gott hatte den Menschen bestimmte Eigenschaften verliehen und für die Regelung der menschlichen Angelegenheiten eine genaue soziale, ökonomische und politische Hierarchie festgelegt. Nachdem der Schöpfungsgedanke durch die Evolutionstheorie abgelöst worden war, mußten sich die Verfechter des gesellschaftlichen Status quo anstelle des göttlichen Willens ein anderes Argument einfallen lassen. So wurden denn, mit einer Art wissenschaftlicher Garantie, die biologischen Zwänge ins Feld geführt, die angeblich dem menschlichen Verhalten Grenzen setzen. Wenn nämlich in den Leistungen eines Individuums nur seine genetischen Möglichkeiten zum Ausdruck kommen, dann ist die gesellschaftliche Ungleichheit ein unmittelbarer Ausfluß der biologischen Ungleichheit. Dann aber ist es sinnlos, von einer Veränderung der sozialen Hierarchie auch nur zu träumen.

Die moderne Ausgabe der Theorie der genetischen Schallplatte sucht in zwei Bereichen nach Bestätigung. Da ist einmal jener Reduktionismus, dem die einfältigsten Soziobiologen anhängen, für die der menschliche Geist eine bis ins letzte Detail genetisch programmierte Maschine ist. Da ist zum anderen jener Bereich, der sich mit der Messung des sogenannten Intelligenzquotienten oder IQ und seiner Erblichkeit befaßt, die vor allem in einem Leistungsvergleich zwischen ein- und zweieiigen Zwillingen erforscht werden sollen.

Was der IQ bedeutet, was mit ihm gemessen wird, ob es überhaupt möglich ist, Tests zu erfinden, die von kulturellen Einflüssen frei sind – all diese Fragen waren und sind noch immer leidenschaftlich umstritten. Ich möchte auf diese Auseinandersetzungen nicht eingehen, sondern lediglich darauf hinweisen, daß schon der grundlegende Ansatz des IQ-Verfahrens bei einem Biologen auf Verwunderung stoßen muß. Worauf stützt sich die Hoffnung, man könne die sogenannte allgemeine Intelligenz quantifizieren – also etwas, das wir nicht einmal klar zu definieren vermögen und das so Verschiedenartiges umfaßt wie die Vorstellung, die man sich von der Welt und den in ihr herrschenden Kräften macht, die Fähigkeit, unter verschiedenen Bedingungen auf verschiedene Situationen zu reagieren, den Weitblick, die Schnelligkeit, mit der alle Elemente einer Situation erfaßt werden und eine Entscheidung gefällt wird, die Fähigkeit, mehr oder weniger versteckte Analogien zu entdecken oder miteinander zu vergleichen, was auf den ersten Blick nicht vergleichbar zu sein scheint, und noch viele weitere Qualitäten. Wie kann man hoffen, eine solche Vielfalt derart komplexer Eigenschaften mit Hilfe eines einzigen Parameters zu quantifizieren, der auf einer linearen Skala von 50 bis 150 reicht? Als ob es in der Wissenschaft darauf ankäme, lediglich zu messen, gleichgültig, was da gemessen wird! Als ob im Dialog zwischen Theorie und Experiment die Tatsachen das erste Wort hätten! Eine solche Auffassung ist schlicht und einfach falsch. In der Wissenschaft hat stets die Theorie das erste Wort. Nur im Hinblick auf eine Theorie können Versuchsergebnisse gewonnen werden, und nur im Hinblick auf eine Theorie bekommen sie einen Sinn. Der emotionale Charakter der Auseinandersetzung um Vererbung und Umwelt wird ferner durch gewisse Enthüllungen deutlich, bei denen es um eines der stärksten Argumente ging, das von den Verfechtern des extremen Vererbungsgedankens lange Zeit ins Feld geführt wurde – die Resultate des britischen Psychologen Cyril Burt über den IQ von Zwillingen. Es stellte sich heraus, daß diese Daten zumindest teilweise gefälscht waren.[34]

In Wirklichkeit kann die heutige Biologie über das Verhalten des Menschen und den erblichen Anteil seiner geistigen Fähigkeiten kaum etwas sagen. Die Methode der Genetik besteht darin, daß sie aus dem Sichtbaren, aus den beobachtbaren Merkmalen, aus dem sogenannten Phänotyp, das Verborgene, den Zustand der Gene, den sogenannten Genotyp ableitet. Diese Methode funktioniert perfekt, solange sich in dem Phänotyp mehr oder weniger direkt der Genotyp ausdrückt, wie es etwa bei den Blutgruppen oder bei bestimmten erblichen Mißbildungen der Fall ist, die man von Generation zu Generation verfolgen kann; dieser Fall liegt auch bei bestimmten Krankheiten vor, die mit der erblichen Konstitution des Individuums zusammenzuhängen scheinen. Zumeist hat ein solcher Zusammenhang nicht den Charakter einer vollständigen, notwendigen Korrelation, sondern vielmehr Wahrscheinlichkeitscharakter: Unter sonst gleichen Lebensbedingungen wird eine bestimmte Art von Krebs oder Arthritis bei den Trägern bestimmter Gene häufiger auftreten als bei anderen. In der Erforschung des menschlichen Gehirns und seiner Leistungen sind die Methoden der Genetik dagegen kaum anzuwenden. Im Prinzip sind Experimente mit künstlicher Auslese und Erblichkeitsmessungen vorstellbar. Am Menschen kann man jedoch eine künstliche Auslese nicht durchführen. Im übrigen kommt in den intellektuellen Leistungen, wie man sie bei einem Individuum beobachten kann, nicht unmittelbar der Zustand seiner Gene zum Ausdruck. Was sich darin ausdrückt, ist der Zustand vielfältiger Strukturen, die zwischen dem Genotyp und dem Phänotyp liegen – Strukturen, die, tief im Gehirn verborgen, auf vielen Integrationsebenen funktionieren, Strukturen überdies, von deren Zusammenhang mit den Genen wir gar nichts wissen und zu denen wir keinen experimentellen Zugang haben. Daß die Vererbung in der Entwicklung solcher Strukturen eine Rolle spielt, liegt auf der Hand, denn man weiß, daß bestimmte Mutationen und Chromosomenanomalien die geistige Leistungsfähigkeit des Menschen beeinträchtigen können. Daß auch die Umwelt für die Entwicklung dieser Strukturen von großer Bedeutung ist, liegt ebenfalls auf der Hand, denn ebenso gut kennt man die Schäden, die ein Mangel an Aufmerksamkeit und Zuwendung beim Kind hervorruft.

Jedes normale Kind besitzt bei der Geburt die Fähigkeit, in jeder beliebigen Gemeinschaft aufzuwachsen, jede beliebige Sprache zu sprechen, jede beliebige Religion und jede beliebige soziale Konvention anzunehmen. Sehr wahrscheinlich bringt das genetische Programm etwas hervor, was man als *Aufnahmestrukturen* bezeichnen könnte; mit ihrer Hilfe kann das Kind auf

Reize aus seiner Umwelt reagieren, nach Regelmäßigkeiten suchen und sie im Gedächtnis speichern, um deren Elemente dann zu neuen Kombinationen zusammenzustellen. Diese nervösen Strukturen werden durch das Lernen allmählich verfeinert und entwickelt. Durch eine ständige Wechselwirkung zwischen dem Biologischen und dem Kulturellen während der Entwicklung des Kindes können die nervösen Strukturen, die den geistigen Leistungen zugrunde liegen, reifen und sich organisieren. Unter diesen Bedingungen einen bestimmten Anteil an der endgültigen Organisation der Vererbung und den Rest der Umwelt zuzuschreiben ist ebenso sinnlos, wie wenn man fragen würde, ob Romeos Neigung zu Julia genetischen oder kulturellen Ursprungs ist. Wie jedes Lebewesen ist der Mensch genetisch programmiert, aber er ist daraufhin programmiert zu lernen. Bei der Geburt hält die Natur einen ganzen Fächer von Möglichkeiten bereit. Was davon verwirklicht wird, bildet sich im Laufe des Lebens durch die Wechselwirkung mit der Umwelt heraus.

Die durch die sexuelle Reproduktion erzeugte Verschiedenheit der Individuen einer menschlichen Population wird selten als das gesehen, was sie ist: als eine der Haupttriebkräfte der Evolution, als ein natürliches Phänomen, ohne das es uns nicht gäbe. Zumeist wird diese Verschiedenheit anders aufgefaßt: als ein Ärgernis von jenen, welche die Gesellschaftsordnung kritisieren und alle Individuen gleichmachen wollen, als ein Mittel der Unterdrückung von jenen, welche diese Gesellschaftsordnung durch eine angeblich natürliche Ordnung zu rechtfertigen suchen, in der alle Individuen nach Maßgabe der »Norm«, d. h. nach ihrer eigenen Norm, einen Platz zugewiesen erhalten. Es ist, auch wenn das manchmal behauptet wird, nicht so, daß die Wissenschaft die Politik bestimmt; es ist vielmehr so, daß die Politik die Wissenschaft entstellt und zu ihrer eigenen Rechtfertigung als Alibi mißbraucht. Es wird versucht, mit Hilfe einer eigentümlichen Doppeldeutigkeit zwei dennoch ganz verschiedene Begriffe gleichzusetzen: Identität und Gleichheit. Der eine bezieht sich auf die körperlichen oder geistigen Merkmale von

Individuen, der andere auf ihre sozialen und legalen Rechte. Der eine gehört in den Bereich von Biologie und Erziehung, der andere in den Bereich von Moral und Politik. Gleichheit ist kein biologischer Begriff. Von zwei Molekülen oder zwei Zellen sagt man nicht, sie seien gleich. Übrigens auch nicht von zwei Tieren – darauf hat George Orwell aufmerksam gemacht. Natürlich geht es in dieser Auseinandersetzung um den sozialen und politischen Aspekt, sei es, daß man die Gleichheit auf Identität begründen will, sei es, daß man der Ungleichheit den Vorzug gibt und sie mit der Verschiedenheit rechtfertigen will. Als ob die Gleichheit nicht gerade deshalb erfunden worden wäre, *weil* die Menschen nicht identisch sind! Wären sie einander alle so ähnlich wie eineiige Zwillinge, dann wäre der Gleichheitsbegriff irrelevant. Seinen Wert und seine Bedeutung erhält er gerade durch die Verschiedenheit der Individuen. Verschiedenheit ist eine der Hauptregeln des biologischen Spiels. Die Gene, Erbgut der Art, vereinen und trennen sich im Laufe der Generationen und bringen immer wieder vergängliche, immer wieder verschiedene Kombinationen hervor: die Individuen. Man kann diese Mannigfaltigkeit, diese unendliche Kombinatorik, die jeden von uns zu etwas Einmaligem macht, nicht hoch genug schätzen. Sie macht den ganzen Reichtum der Art aus, sie verschafft der Art ihre unübersehbaren Möglichkeiten.

Mannigfaltigkeit stellt einen Weg dar, um dem Möglichen zu begegnen. Sie wirkt wie eine Art Versicherung für die Zukunft. Eine der grundlegendsten, allgemeinsten Funktionen der Lebewesen ist es, nach vorn zu blicken, »Zukunft zu erzeugen«, wie Valéry[35] sagte. Es gibt keine Bewegung, keine Haltung, die nicht ein Später, einen Übergang zum nächsten Augenblick enthielte. Atmen, essen, gehen, das heißt: antizipieren. Sehen heißt vorhersehen. Jede unserer Handlungen, jeder unserer Gedanken verwickelt uns in das, was sein wird. Ein Organismus lebt nur insofern, als er, und sei es nur für einen Augenblick, weiterlebt.

Die Auslese aus einer Vielfalt vorhandener Strukturen scheint ein Mittel zu sein, das in der belebten Welt häufig benutzt wird, um einer unbekannten Zukunft zu begegnen: der kurzfristigen Zukunft durch die molekulare Vielfalt, wie wir sie bei den Wirbeltieren in der Produktion der Antikörper beobachten; der langfristigen Zukunft durch die Vielfalt der Arten – deren unglaubliche Zahl es dem Leben ermöglicht, sich unter den extremsten Bedingungen in den verschiedensten Gebieten dieses Planeten niederzulassen –, vor allem aber durch die Vielfalt der Individuen, welche die eigentliche Zielscheibe der natürlichen Auslese darstellen. Wären wir alle in gleicher Weise für ein Virus empfänglich, dann könnte die gesamte Menschheit durch eine einzige Epidemie hinweggerafft werden. Wir sind 4,5 Milliarden einmalige Individuen. Gerade die Einmaligkeit der Person läßt die Vorstellung, man könnte durch Klonen exakte Kopien herstellen, so empörend erscheinen.

Bei den Menschen wird die natürliche Vielfalt noch verstärkt durch die kulturelle Vielfalt, die es der Menschheit ermöglicht, sich besser an unterschiedliche Lebensbedingungen anzupassen und die Ressourcen dieser Welt besser zu nutzen. In dieser Beziehung droht uns jedoch Eintönigkeit, Gleichförmigkeit und Langeweile. Die außerordentliche Mannigfaltigkeit, welche die Menschen in ihren Glaubensvorstellungen, Gebräuchen und Institutionen geschaffen haben, wird von Tag zu Tag ärmer. Ob die Völker nun physisch aussterben oder ob sie sich unter dem erdrückenden Einfluß des Modells der Industriezivilisation verändern – viele Kulturen sind im Begriff zu verschwinden. Wenn wir nicht in einer Welt leben wollen, die von einer einzigen Lebensweise überzogen ist, einer einzigen, Pidgin sprechenden technischen Kultur, werden wir aufpassen müssen. Wir werden unsere Phantasie besser nutzen müssen.

Unsere Phantasie entfaltet vor uns das ständig sich wandelnde Bild des Möglichen. An diesem Bild arbeiten sich unaufhörlich unsere Befürchtungen und unsere Hoffnungen ab. Auf dieses Mögliche sind unsere Wünsche und unsere Abneigungen gerichtet. Doch wenn es auch zu unserem Wesen gehört, Zukunft zu erzeugen, so ist das System dennoch so beschaffen, daß unsere

Vorhersagen ungewiß bleiben müssen. Wir können an uns nicht denken, ohne an einen nächsten Augenblick zu denken, doch können wir nicht wissen, wie dieser Augenblick sein wird. Was wir heute vermuten können, wird nicht Wirklichkeit werden. Veränderungen wird es auf jeden Fall geben, doch wird die Zukunft anders sein, als wir glauben. Das gilt besonders für die Wissenschaft. Die Forschung ist ein endloser Prozeß, von dem man niemals sagen kann, wie er sich entwickeln wird. Unvorhersehbarkeit gehört zum Wesen des Wagnisses Wissenschaft. Sollte man auf etwas wirklich Neues stoßen, so ist das etwas, das man per definitionem nicht im voraus kennen konnte. Man kann unmöglich sagen, wohin ein bestimmter Forschungsbereich führen wird. Auch das Unerwartete und Beunruhigende muß man akzeptieren.

In diesem Buch habe ich zu zeigen versucht, daß die wissenschaftliche Einstellung in dem Dialog zwischen dem Möglichen und dem Wirklichen eine klare Aufgabe zu erfüllen hat. Das 17. Jahrhundert war so weise, die Vernunft als ein notwendiges Mittel in der Behandlung der menschlichen Angelegenheiten zu betrachten. Die Aufklärung und das 19. Jahrhundert waren so töricht, in der Vernunft nicht nur ein notwendiges, sondern ein hinreichendes Mittel zur Lösung aller Probleme zu sehen. Noch törichter wäre es, würden wir heute, wie manche es möchten, beschließen, daß die Vernunft, weil sie nicht hinreichend ist, auch nicht mehr notwendig ist. Gewiß bemüht sich die Wissenschaft, die Natur zu beschreiben und zwischen Traum und Realität zu unterscheiden. Man darf jedoch nicht vergessen, daß der Mensch den Traum wahrscheinlich ebenso braucht wie die Realität. Es ist die Hoffnung, die seinem Leben einen Sinn gibt. Und die Hoffnung stützt sich auf die Aussicht, eines Tages die vorhandene Welt in eine mögliche Welt verwandeln zu können, die ihm besser erscheint. Als Tristan Bernard zusammen mit seiner Frau von der Gestapo verhaftet wurde, sagte er zu ihr: »Die Zeit der Furcht ist vorbei. Nun beginnt die Zeit der Hoffnung.«

Quellenangaben

Mythos und Wissenschaft

1 Buffon, G. L. de, »Histoire des Animaux«, *Œuvres complètes*, Bd. 3, Paris: Imprimeries Royales 1774.
2 Weismann, A., »La reproduction sexuelle et sa signification pour la théorie de la sélection naturelle«, in *Essais sur l'hérédité*, Paris: C. Reinwald et Cie. 1892.
3 Fisher, R. A., *The Genetical Theory of Natural Selection*, Oxford: Oxford University Press 1930.
4 Muller, H. J., »Some Genetic Aspects of Sex«, *Amer. Naturalist 66* (1932), 118–138.
5 Williams, G. C., *Sex and Evolution*, Princeton: Princeton University Press 1975.
6 Smith, J. Maynard, *The Evolution of Sex*, Cambridge: Cambridge University Press 1978.
7 Medawar, P. B., *The Hope of Progress*, New York: Doubleday 1973.
8 Paley, W., *Natural Theology*, Bd. 1, London: Charles Knight 1836.
9 Lederberg, J., *Cell. Comp. Physiol. 52* (1958, suppl. 1), 398.
10 Weismann, A., »La prétendue transmission héréditaire des mutations«, in *Essais sur l'hérédité*, Paris: C. Reinwald et Cie., 1892.
11 Williams, G. C., *Adaptation and Natural Selection*, Princeton: Princeton University Press 1966.
12 Gould, S. J., und R. C. Lewontin, »The Spandrels of San Marc and the Panglossian Paradigm: A Critique of the Adaptationist Programme«, *Proc. R. Soc. London B 205* (1979), 581–598.
13 Voltaire, *Candide oder der Optimismus,* Frankfurt: Insel 1975.
14 Chomsky, N., *Problems of Knowledge and Freedom. The Russell Lectures*, New York: Pantheon Books 1971. Deutsch: *Über Erkenntnis und Freiheit.* Vorlesungen zu Ehren von Bertrand Russell, Frankfurt: Suhrkamp 1973.

15 Fernel, J., »De abditis rerum causis«, in *Opera*, Bd. 1, Genf 1637.

16 Paré, A., *Œuvres complètes*, Bd. 1: *Le premier livre de l'anatomie*, Paris 1840.

17 Vgl. Dickerson, R. E., »Cytochrome c and the Evolution of Energy Metabolism«, *Scientific American 242* (1980), 136–153.

18 Simpson, G. G., »How Many Species?«, *Evolution* 6 (1952), 342.

19 Lévi-Strauss, C., *La pensée sauvage*, Paris: Plon 1962. Deutsch: *Das wilde Denken*, Frankfurt: Suhrkamp 1973.

20 Darwin, C., *The Various Contrivances by which Orchids are Fertilized by Insects*, New York: D. Appleton 1886.

21 Ghiselin, M., *The Triumph of the Darwinian Method*, Berkeley: University of California Press 1969.

22 Mayr, E., »From Molecules to Organic Diversity«, *Fed. Proc. Am. Soc. Exp. Biol. 23* (1964), 1231–35.

23 McLean, P., »Psychosomatic Disease and the Visceral Brain«, *Psychosom. Med. 11* (1949), 338–353.

24 King, M. C., und A. C. Wilson, »Evolution at Two Levels in Humans and Chimpanzees«, *Science 188* (1975), 107–116.

25 Gould, S. J., *Ontogeny and Philogeny*, Cambridge, Mass.: Harvard University Press 1977.

26 Benzer, S., »The Genetic Dissection of Behavior«, *Scientific American*, Dezember 1973, S. 24–37.

Die Zeit und die Erfindung der Zukunft

27 Weismann, A., »La durée de la vie«, in *Essais sur l'hérédité*, Paris: C. Reinwald et Cie., 1892.

28 Medawar, P. B., *The Uniqueness of the Individual*, New York: Basic Books 1957.

29 Williams, G. C., »Pleiotropy, Natural Selection and the Evolution of Senescence«, *Evolution 11* (1957), 398–411.

30 Homer, *Ilias*, VI Vers 146ff., Glaukos (J. H. Voss), Hamburg: Rütten u. Loening o. J.

31 Vgl. Vernant, J. P., *Mythe et pensée chez les Grecs*, Paris: Maspero 1971.

32 Jerison, H. J., *Evolution of the Brain and Intelligence*, New York: Academic Press 1973.

33 Mayr, E., »The Evolution of Living Systems«, *Proc. Nat. Acad. Sci. US 51* (1964), 934–941.

34 Kamin, L. J., *The Science and Politics of IQ*, Hillsdale, N. J.: Erlbaum 1974.

35 Valéry, P., *Œuvres I*, Paris: Gallimard, La Pléiade 1962.

36 Thomas, L., *The Medusa and the Snail*, New York: Viking Press 1979. Deutsch: *Die Meduse und die Schnecke*. Gedanken eines Biologen über die Mysterien von Mensch und Natur, Köln: Kiepenheuer u. Witsch 1981.